日本のジオパーク①

（2015年11月現在《げんざい》）

八峰白神《はっぽうしらかみ》ジオパーク（秋田県）
「もう一つのコーナーストーン、かこう岩」
「6 ジオパーク、ぼくの好きなものいろいろ」
「ジオパークで災害《さいがい》に強くなる」
男鹿《おが》半島・大潟《おおがた》ジオパーク（秋田県）
「6 ジオパーク、ぼくの好きなものいろいろ」
「ジオパークで災害《さいがい》に強くなる」
ゆざわジオパーク（秋田県）
巨大火山、
パーボルケーノを見る」
「2
黒部ジオパーク
県）
「2 恐竜《きょうりゅう》の島を訪《たず》ねよう」
佐渡《さど》ジオパーク
（新潟県）
糸魚川《いといがわ》ジオパーク（新潟県）
「宝石《ほうせき》と蛇紋岩《じゃもんがん》メランジュとキウイ」
磐梯山《ばんだいさん》ジオパーク
（福島県）
苗場山麓《なえばさんろく》ジオパーク
（新潟県・長野県）
南アルプス（中央構造線《こうぞうせん》エリア）
ジオパーク（長野県）
下仁田《しもにた》ジオパーク
（群馬県）
茨城県北《いばらきけんぼく》ジオパーク
（茨城県）
秩父《ちちぶ》ジオパーク
（埼玉県）
伊豆《いず》半島ジオパーク
（静岡県）
「6 ジオパーク、
ぼくの好きなものいろいろ」
箱根《はこね》ジオパーク
（神奈川県）
銚子《ちょうし》ジオパーク（千葉県）

火山や恐竜にあえる旅

ジオパークへ行こう!

林信太郎 著・川野郁代 絵

小峰書店

▲阿蘇《あそ》カルデラ　阿蘇《あそ》ジオパーク（熊本県）にある、噴火《ふんか》でマグマがふき出した後の巨大《きょだい》なへこみ。このカルデラの中で人々のくらしがいとなまれている（→ 120ページ）。

▲肉食恐竜《きょうりゅう》
フクイラプトルの
全身骨格《こっかく》の化石

恐竜渓谷《きょうりゅうけいこく》ふくい勝山《かつやま》ジオパーク（福井県）と、白山《はくさん》手取川《てどりがわ》ジオパーク（石川県）にまたがる「手取層群《てとりそうぐん》」から出た化石。この地層《ちそう》が注目されたきっかけは、中学生の大発見だった（↓69ページ）。

▶中学生が見つけた
肉食恐竜《きょうりゅう》の歯の化石

▲化石とり体験　天草《あまくさ》ジオパーク（熊本県）では自分で化石をとることができる。貝の化石などが採集《さいしゅう》できる。アンモナイトの化石もときどき見つかる（→ 67 ページ）。

とかち鹿追《しかおい》ジオパーク（北海道）の森にすむナキウサギと、然別《しかりべつ》火山には切っても切れない関係があるのだ（→ 129 ページ）。

▲ナキウサギ

▲然別《しかりべつ》湖《こ》と、然別《しかりべつ》火山の溶岩《ようがん》ドーム

◀黒曜石《こくようせき》でつくられた石器

◀赤いもようの入った黒曜石《こくようせき》（花十勝《はなとかち》）

▼黒曜石《こくようせき》

白滝《しらたき》ジオパーク（北海道）は、日本一の黒曜石《こくようせき》の産地。黒曜石はマグマがすばやく固まった石で、するどく割《わ》れる。この性質《せいしつ》をいかして、大昔の人は石器をつくっていた（→ 24 ページ）。

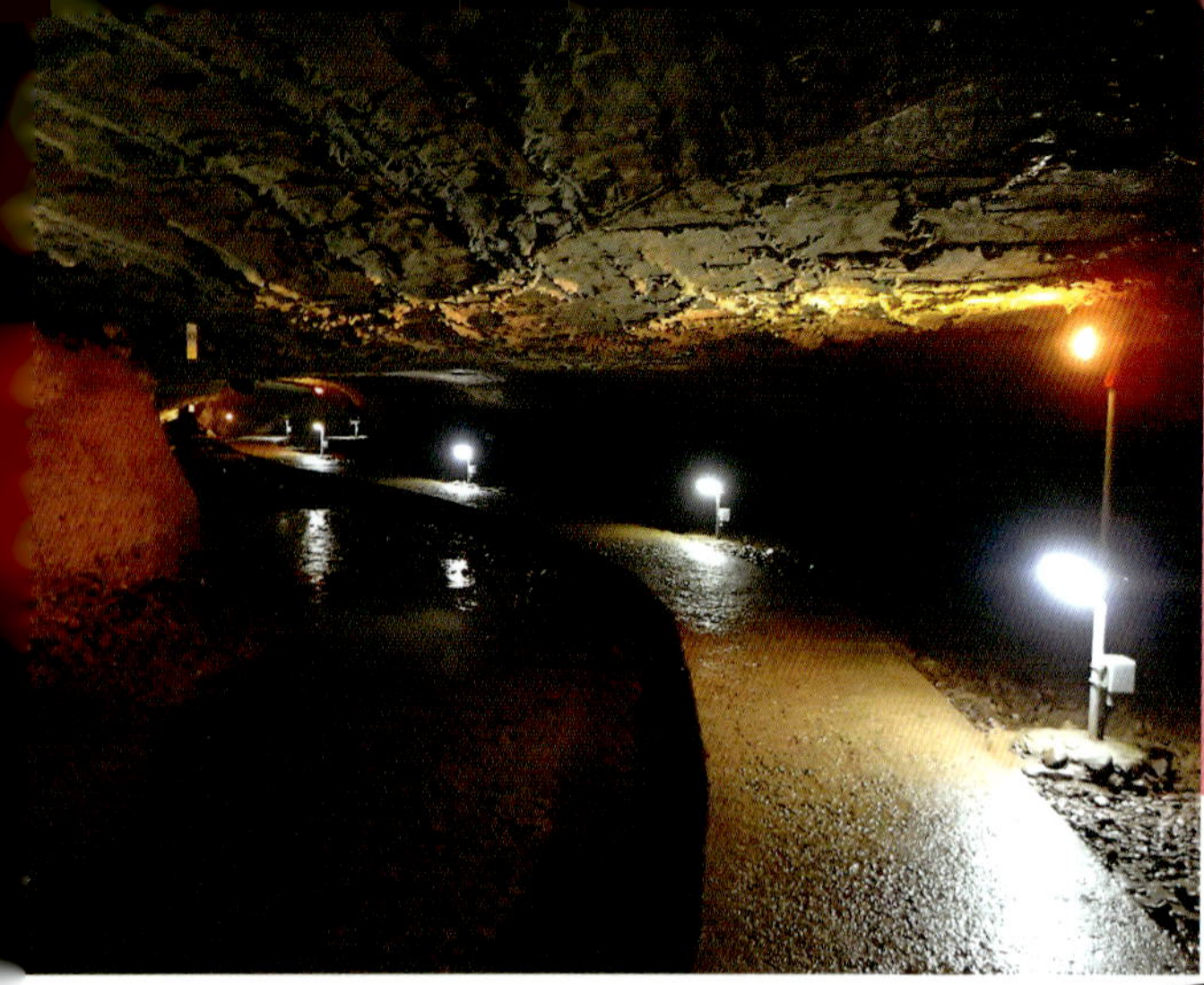

▲景清穴《かげきよあな》　Mine《みね》秋吉台《あきよしだい》ジオパーク（山口県）にある洞《どう》くつ。この洞《どう》くつのある秋吉台《あきよしだい》は、大昔、南の海からやってきた巨大《きょだい》な石灰岩《せっかいがん》のかけらなのだ（→86ページ）。

▶星砂《ほしずな》　星砂《ほしずな》はじつは砂《すな》ではなく、石灰岩《せっかいがん》をつくるサンゴ礁《しょう》の海にすむ小さな生き物たちのカラなのである（→ 73 ページ）。

▲玄《げん》さんとぼく（上）と柱状節理《ちゅうじょうせつり》（右）
玄《げん》さんは山陰《さんいん》海岸ジオパーク（鳥取県・兵庫県・京都府）のキャラクター。溶《よう》岩《がん》などが冷える時、六角形に割《わ》れた細長い岩の柱（柱状節理《ちゅうじょうせつり》）がたくさんできることがある。この柱を横に切った形が玄《げん》さんの顔だ（→ 149 ページ）。

◆目次

はじめに　6

ウォーミングアップ！　16

地球の大きさ　16　地球のなかみ　17　プレートってどんなもの？　18
火山や地震《じしん》のもとになるプレートの動き　19　地層《ちそう》ってどんなもの？　20　いろいろな地層《ちそう》　21
断層《だんそう》ってどんなもの？　22　活断層《かつだんそう》ってどんなもの？　23

1 黒曜石《こくようせき》は銀河《ぎんが》の輝《かがや》き　24

黒曜石は美しい！　24　黒曜石のジオパーク、白滝《しらたき》　27　黒曜石の山を探検《たんけん》！　27
黒曜石のできかた　30　シュガーマグマで黒曜石実験！　32
アメで石器をつくってもらったよ　37　自分の手で石器をつくってみよう　38
旧石器《きゅうせっき》時代の刃物《はもの》　39　骨《ほね》に突《つ》き刺《さ》さった石器のヤリ　40　発掘《はっくつ》された石器の博物館《はくぶつかん》　41
人が運んだ黒曜石　43　黒曜石でわかる川のはたらき　44

ついでに白滝《しらたき》ジオパークのおとな向けの魅力《みりょく》 45

2 恐竜《きょうりゅう》の島を訪《たず》ねよう 47

恐竜《きょうりゅう》の島に上陸！ 47
白亜紀《はくあき》ってどのくらい昔なの？ 49
御所浦白亜紀資料館《ごしょうらはくあきしりょうかん》の化石たち 51
化石を訪《たず》ねて海の旅 53
化石を訪《たず》ねてサイクリング 56
アンモナイトをのぞきこむ 58
2013年2月のチェリャビンスク隕石《いんせき》 60
恐竜《きょうりゅう》をほろぼした隕石《いんせき》 62
隕石《いんせき》とほ乳類《にゅうるい》 66
化石をとりに行こう！ 67
中学生の超《ちょう》大発見！ 69
手取層群《てとりそうぐん》関係のジオパーク 71

3 沖縄《おきなわ》のビーチで星砂《ほしずな》さがし、そして洞《どう》くつ探検《たんけん》！ 72

沖縄のビーチ 72
星砂《ほしずな》とは？ 73
星砂《ほしずな》発見！ 75
ライトブルーの海の下はサンゴ礁《しょう》 76
サンゴ礁《しょう》と石灰岩《せっかいがん》 76
サンゴ礁《しょう》の大地でサイクリング 79
石灰岩《せっかいがん》と洞《どう》くつ 82
ニャティヤ洞《ガマ》 84

景清穴《かげきよあな》の奥《おく》——光のない世界　86
江戸《えど》時代の落書きとナウマンゾウ　87
3億3000万年前のサンゴ礁《しょう》散歩　90
プレートに乗ってやってきたサンゴ礁《しょう》　91
日本列島はどうやってできたか　おいしく実験してみよう！　92
地層《ちそう》がくしゃくしゃになった付加体《ふかたい》　97
地球のコーナーストーン、石灰岩《せっかいがん》！　98

もう一つのコーナーストーン、かこう岩　101

八峰白神《はっぽうしらかみ》ジオパークのかこう岩　101
かこう岩おにぎり　103
かこう岩おにぎりをつくって出かけよう！　104

宝石《ほうせき》と蛇紋岩《じゃもんがん》メランジュとキウイ　106

超巨大《ちょうきょだい》火山、スーパーボルケーノを見る　110

アイスクリームと北海道の大地　110
火山がつくった巨大《きょだい》な台地　110

入浴剤《にゅうよくざい》を使って火砕流《かさいりゅう》実験をしよう！ 116
巨大《きょだい》なへこみ、カルデラ 118
破局噴火《はきょくふんか》 118
スーパーボルケーノ！ 120
噴火《ふんか》しなかったスーパーボルケーノ 122
江戸《えど》時代からふき出し続けるお湯 123
スーパーボルケーノの楽しみ方 124

5 ナキウサギのすむ「森の中の小さな森」 126

ミヤベイワナのいるヤンベツ川 126
北の国のサファイア、然別湖《しかりべつこ》 128
ナキウサギのすむ「森の中の小さな森」 129
寒かった地球 132
風穴《ふうけつ》の秘密《ひみつ》 135
岩の重なりは溶岩《ようがん》ドームの一部 136
然別《しかりべつ》火山のふもと 137
「カントリーホーム風景《ふうけい》」のソフトクリーム 138

6 ジオパーク、ぼくの好きなもののいろいろ 140

地底温泉《おんせん》 140
自分用の温泉《おんせん》が掘《ほ》れる！ 141
水中の溶岩《ようがん》ドーム 142
標高ゼロメートルの山 143
5000万年ひとまたぎ 144
三笠《みかさ》ジオパークのロゴマーク 145

伊豆《いず》半島の完全に丸い石　146
奈良《なら》時代からある？　古座川《こざがわ》の一枚岩《いちまいいわ》　146
崖《がけ》にすいこまれる列車　148
ごついゆるキャラの玄《げん》さん　149
ボスケットのクリームパン　150
高原町《たかはるちょう》の灰干《はいぼ》し肉　151
栗原《くりはら》市のモチ文化　152
ジオガシ　152

ジオパークで災害《さいがい》に強くなる　154

東日本大震災《だいしんさい》の津波《つなみ》　154
火山噴火《ふんか》と地震《じしん》　156
火山噴火《ふんか》に強くなれるジオパーク　157
地震《じしん》による大地の変化を見よう！　159
ジオパークに行って津波《つなみ》に強くなろう　161

あとがき　164

参考文献・写真提供者一覧　173

はじめに

【宇宙《うちゅう》から地球を見ると】　ぼくたちは地球にすんでいる。そんなぼくたちには、地球はたいへん大きなものに感じられる。ところで、みなさんは天体望遠鏡で金星を見たことがあるだろうか？　望遠鏡で見る金星は本当に小さい。大きな望遠鏡で拡大《かくだい》しても、小さくしか見えない。ところが、金星は、ぼくたちの地球とほとんど同じ大きさなのだ。

ということは、金星から地球を見ると、同じように小さく見えるということだ。もちろん、地球と金星の見かけはかなりちがう。地球はきれいにすきとおった大気をもつ青い惑《わく》星《せい》である。いつも厚《あつ》い雲でおおわれた金星よりもずっと美しい。でも、２つの惑星《わくせい》の大きさはほとんど同じ。宇宙《うちゅう》の中では、どちらも本当に小さな星なのだ。地球がこんなに小さいことを、そして地球も一つの星であることを感じるために、一度は金星を望遠鏡でのぞいてほしいと思う。

この小さな地球の上には、72億人もの人がくらしている。72億人がくらす場所として、

▲地球（左）と金星（右）。金星の表面は約 460℃と熱く、生物はとてもすめない。ほぼ同じ大きさの地球には、150 万種以上の生物がすんでいる。

地球はあまりにもせまい。ぼくたちはその地球の上にしかすめないのだから、地球をよほど大事にしなければいけない。そのためには、地球のことをよく知る必要がある。そのすばらしさを知ってこそ、地球を大事にすることができると、ぼくは思うのだ。

【木を見て、森を見て、大地を見る】 この地球にはたくさんの種類の生物がいる。発見されたものだけでも１５０万種以上の生物が、ほかのどこでもない地球の上でくらしている。

地球の上にはたくさんの異《こと》なった環境《かんきょう》がある。それぞれの場所で、それぞれの環境《かんきょう》に適《てき》した生物たちが生きている。そのため、この地球の上には、いろいろな形をした、たくさんの生物たちがくらしていくことができるのである。それらの生物たちに支《ささ》えられて、ぼくたち人類もくらしている。生命やぼくたちのくらしがどのようになりたっているのかは、地球を考えてみてはじめてよくわかるのだ。

「木を見て森を見ず」という有名なたとえがある。細かい部分にこだわっていては、全体がどうなっているかわからなくなるという意味である。でも、ぼくは思うのだ。森について理解《りかい》するためには、森の土台になっている大地、すなわち地球のことについて知る必要がある。だから、このたとえを少し変えて（意味も少し変えて）「木を見て、森を見て、大地を見る」というフレーズをつくってみた。大地すなわち地球まで考えてはじめて、ぼくたちを支《ささ》える自然について理解《りかい》できるという意味である。❶

【ジオパークとは？】

ジオパークという言葉を聞いたことがあるかな？　ジオパークの「ジオ」は「地球の」あるいは「大地の」という意味で、「パーク」は公園。「大地の公園」あるいは「地球の公園」と訳《やく》されることが多い。その名の通り、地形や地層《ちそう》、火山などをじかに見るこ

❶ このフレーズの発想のもとは、琉球列島《りゅうきゅうれっとう》ジオサイト研究会発行のガイドブック『島々のジオツアー ―沖縄県の石灰岩《せっかいがん》とカルスト地形―』。このシリーズのガイドブックでは、沖縄県のジオサイトについてくわしく学ぶことができる。

❷ ちなみに海外には 2015 年 11 月現在《げんざい》、世界ジオパークネットワークに認定《にんてい》された 112 のジオパークがある。ヨーロッパや中国に多い。

▲阿蘇《あそ》ジオパーク（熊本県）にある中岳《なかだけ》では、活発な火山活動が続いている。今、この瞬間《しゅんかん》にも、地球は生きて動き続けているのだ。

とで、地球や大地のなりたち、それらと人々のくらしとの関係がわかる公園だ。公園といってもいくつかの市や町や村にまたがることが多く、とても広い。日本には、2015年11月現在《げんざい》、北海道から九州まで、あわせて39のジオパーク❷がある。ジオパークは、地球の営《いとな》みが見える場所であり、地球の動きをのぞきこむ窓《まど》のようなものである。ジオパークに行くと地球のことがよくわかるのだ。

みなさんは、こんな経験《けいけん》があると思う。教科書や本を読んだだけではよくわからなかったことが、実物や実験などを見て実際《じっさい》の感じがわかり「なるほど！」と思ったこと。ジオパークもそれと同じ。ほんものの大地を見る

▲ぼくの出前授業《じゅうぎょう》のようす。黒板に書いてある、砂糖《さとう》と水とでアメをつくる実験は、この本の中でも紹介《しょうかい》するよ。

ことで、地球のことがよくわかるのだ。

ジオパークは「**生きている地球を感じるところ**」だと、ぼくは思う。ふだん大地を見ていると、それが動いているとはとても思えない。地球はとてもゆっくりと動くからだ。長い時間がたってみて、はじめて地球が大きく動いていたことに気がつく。一方で地球は、地震や火山噴火《ふんか》のように、突然《とつぜん》はげしく動くこともある。ジオパークでは、ゆったりとした地球の動きを感じることができるし、はげしい地球の動きのあとも見ることができる。

【子どものみなさんにとってのジオパーク】

この本では、ジオパークの「どきどき」や「わくわく」について語っていきたい。「どきどき」

「わくわく」できる楽しいところでなければ、ジオパークとはいえないと、ぼくは思うのだ。

子どものみなさんのためのジオパークとは何かと聞かれたら、さきほどのことば「生きている地球を感じるところ」に少しつけ加えて、**「生きている地球を感じて『どきどき』、『わくわく』するところ」**と答えたいと思う。

ぼくは全国のいろいろな小学校や中学校に出前授業《じゅぎょう》に行く。そこでジオパークのお話や実験をさせてもらうのだが、みなさんの目を見ていると、子どもにとって何がおもしろいのかとてもよくわかる。

というわけで、ぼく自身に少しだけ残っている子ども心と、子どもたちに授業《じゅぎょう》をした経《けい》験《けん》をいかして、子どものみなさんが見て「おもしろい」、「『どきどき』や『わくわく』を感じられるところ」をジオパークの中から選び、それを本にしてみた。つまり、「子どものためのジオパーク」の本をめざしたのだ。この本が、本当にそうなっているかどうかは、ほんものの子どもであるみなさんに決めてもらおうと思う。


【地球のすごさやおもしろさを感じるジオパーク】　ジオパークでの「どきどき」や「わくわく」の多くは、地球のすごさやおもしろさがわかった時に感じられる。

地球って、なかなかすごい。地球で起こることは、人間の活動よりもはるかに大きく、ぼくたちの想像《そうぞう》をこえることが多い。たとえば、第4章の「スーパーボルケーノ」のお話はその代表である。地球で起きる巨大《きょだい》なできごとを感じて「どきどき」していただければと思う。

それに地球ってすごくおもしろい。ジオパークには、ナキウサギの森や黒曜石《こくようせき》や洞《どう》くつなど、とても心をひかれるおもしろいものがたくさんある。ぼくもさまざまな「わくわく」をジオパークに感じたが、みなさんもジオパークで「地球っておもしろい」と感じて「わくわく」してほしい。

【ジオパークの楽しみ方のコツ】

ジオパークを楽しむために一番大事なことをお教えしよう。それは**ジオパークに行く**ことだ。何事も本で読んだだけではよくわからないことが多い。ジオパークの場合、実際《じっさい》に行ってみてはじめて本当のおもしろさがわかると思う。

次に大事なことは、プロのガイドさん（ジオガイド）に、ジオパークの見どころ（ジオサイト）を案内してもらうことである。ガイドさんに案内してもらうと2ついいことがある。第一に、ガイドさんの話を聞きながら歩くと、ただ看板《かんばん》やパンフレットの説明を読んで景色《けしき》を

▲大地のなりたちや地域《ちいき》の見どころなどを、ぜひ、ジオガイドの方々にいろいろ聞いてみよう。写真は白滝《しらたき》ジオパーク（北海道）のようす。

見るよりも、いろいろなことがよくわかるのである。ガイドさんは、自然の中で起こるいろいろなことに気づかせてくれるのだ。第二に、ガイドさんはその土地の危険《きけん》なところをよく知っているので、自分たちで歩いてまわるよりもはるかに安全だ。また、自然の守り方もよく知っている。

日本のジオパークには、さまざまな名ガイドさんが誕生《たんじょう》している。ぜひ、そんなガイドさんとジオパークを歩いてもらいたい。すてきな思い出になると思うよ。

【ジオパークに行くためには？】

ほとんどのジオパークは、みなさんの家からは離《はな》れた、とても遠いところにあるだろう。子どもだけ

▲ジオパークはいろんな楽しみ方ができる。いろいろなものを見て、おいしいものを食べ、大地のめぐみを味わうことができるのだ。

では行けないので、おとなに連れて行ってもらわなければならない。でも、安心してほしい。ジオパークはおとなにとっても楽しいところなのである。この本の中にも、おとなのみなさんが、ジオパークのどういうところを気に入りやすいか書いてみた（もちろん人によってちがうけれど、おいしい食べ物、おいしい日本酒、気持ちのいい温泉《おんせん》など）。

うまく家族の方をさそってジオパークに行こう。そうすれば、みなさんの家族にとって忘《わす》れられない思い出になると思う。おとなのみなさんに、この本を読んでもらうのもいい方法だと思う。なにしろ、この本を書いていると、ぼく自身がジオパークに行きたくてたまらなくなるのだ。

【この本の読み方】

この本はどこから読んでもだいじょうぶ。中学生のみなさんならだいたいわかるようになっているし、小学校高学年のみなさんもがんばればわかると思う。

はじめのところにある「ウォーミングアップ」には、地球の基本《きほん》をまとめておいた。地《ち》層《そう》とか断層《だんそう》とかプレートなど、この本のところどころに出てくる言葉をまとめて解説《かいせつ》してある。もちろん、後から読みなおしてもかまわない。

この本には、ジオパークや地球について理解《りかい》するための実験をいくつかのせてみた。このような実験も、本で読んだだけではよくわからない。１００円ショップやスーパーで必要な道具や材料はそろうので、ぜひ自分で試してみてほしい。

【ジオパークへ行こう！】

さあ、みなさん、ジオパークへ行こう！　地球のデコボコを自分で歩き、いろいろなものに「どきどき」「わくわく」して、おいしいものを味わいながら、地球について考えよう！

ウォーミングアップ！

地球の大きさ

1周すると、ちょうど
40,000kmだって！

はじめに地球の
基本《きほん》を少しだけ
お話するよ。

ほぼ球の形だけど、球よりもほんの少し、横（赤道方向）にふくらんでいる。298分の1ふくらんでいるだけなので、ほとんどまん丸に見えるんだ。

地球のなかみ

なんだか卵に似《に》ているね。核《かく》は黄身、マントルは白身、そして地殻《ちかく》はカラみたい。

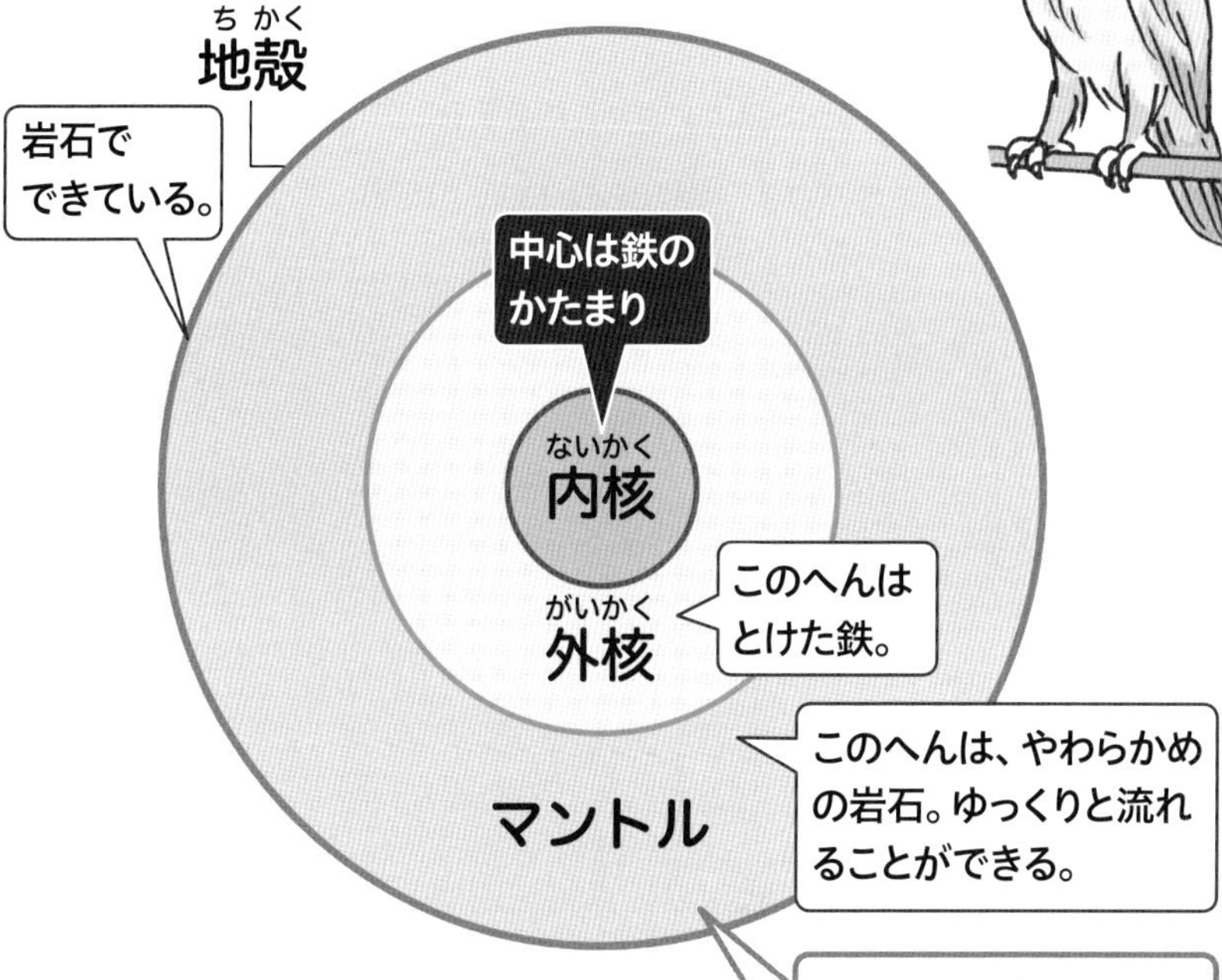

地殻《ちかく》
岩石でできている。
中心は鉄のかたまり
内核《ないかく》
外核《がいかく》
このへんはとけた鉄。
このへんは、やわらかめの岩石。ゆっくりと流れることができる。
マントル

マントルの上のほうは、この石でできている。

かんらん岩

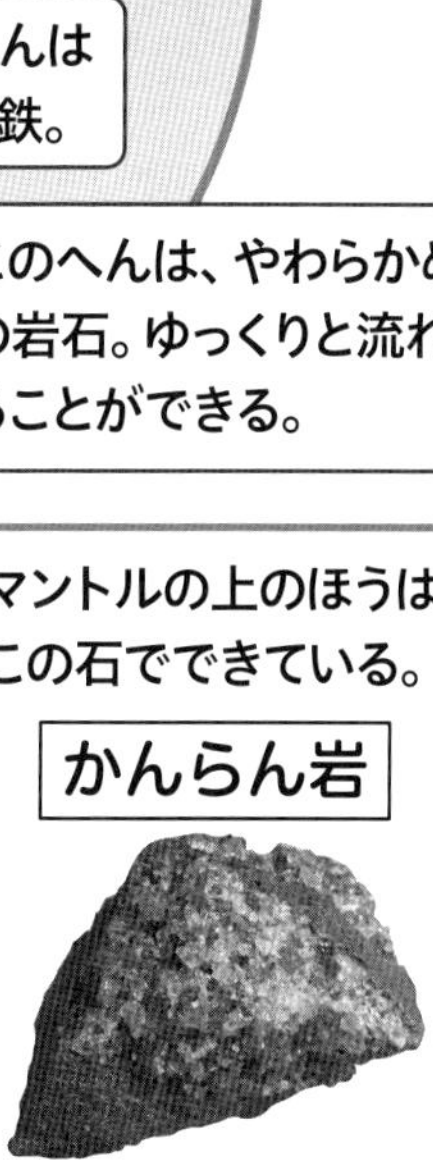

「マントルの一番浅いところと地殻《ちかく》」は、かたくて、地球をうすくおおう板のようになっている。これがプレートだ。

プレートってどんなもの？

地表をおおうプレート

北アメリカプレート
ユーラシアプレート
アラビアプレート
フィリピン海プレート
太平洋プレート
アフリカプレート
インド・オーストラリアプレート
ナスカプレート
南アメリカプレート
南極プレート

地球はこのように、プレートという10数枚《すうまい》のかたい岩の板でおおわれているんだ。

世界の火山と地震《じしん》

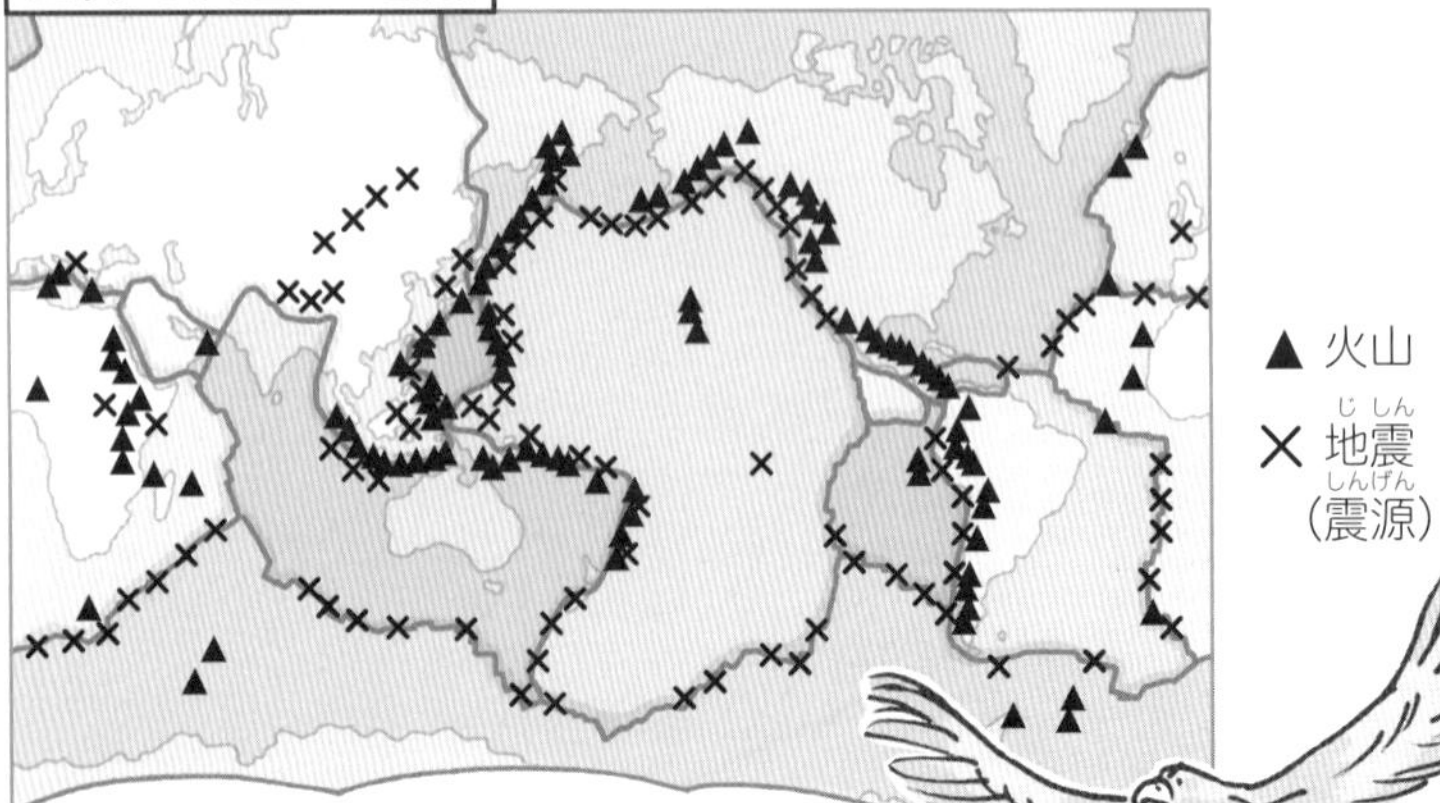

▲ 火山
× 地震《じしん》（震源《しんげん》）

プレートのさかい目には火山が多いんだね。地震《じしん》もたくさん起こっているよ。

火山や地震《じしん》のもとになるプレートの動き

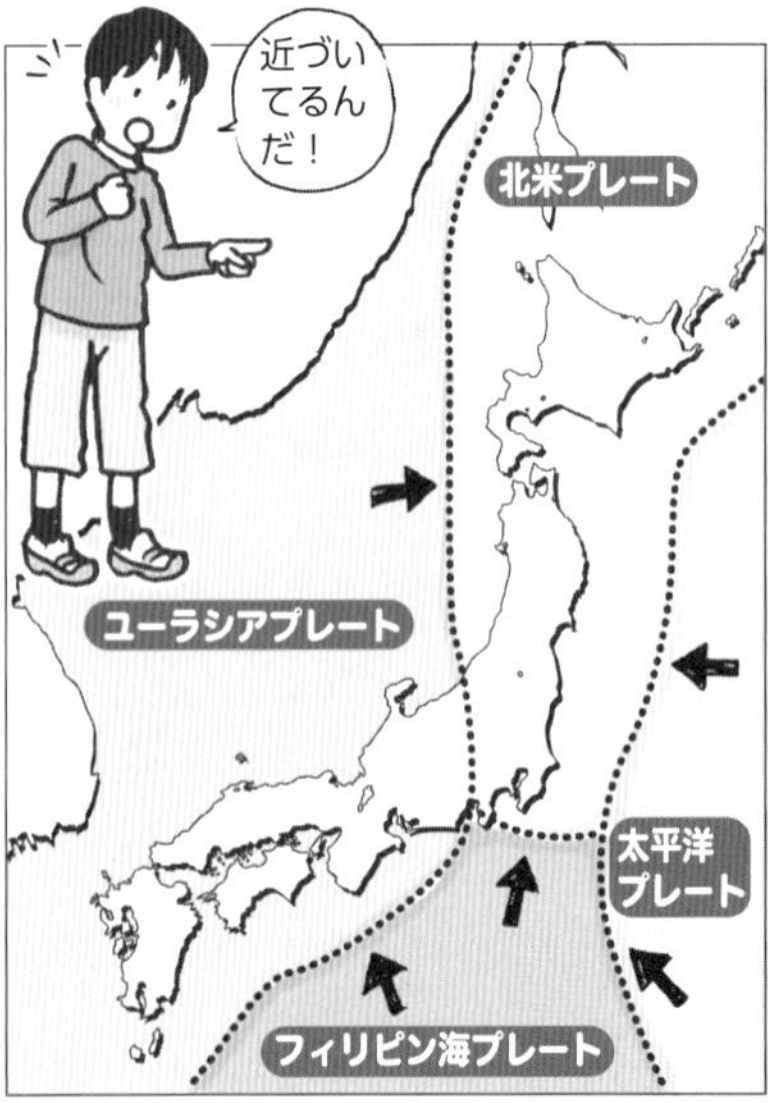
近づいてるんだ！
北米プレート
ユーラシアプレート
太平洋プレート
フィリピン海プレート

プレートは、やわらかいマントルの上をゆっくり動いているよ。

日本のまわりのプレート

プレートどうしのさかい目には大きな力がかかり、このために地震《じしん》が起こる。また、さかい目には火山ができる。日本のまわりのように、４枚《まい》ものプレートが集まっている場所は世界でもめずらしい。このために日本では、世界の地震《じしん》や噴火《ふんか》の１割《わり》が起こるといわれるほどである。

日本付近のプレートの動き

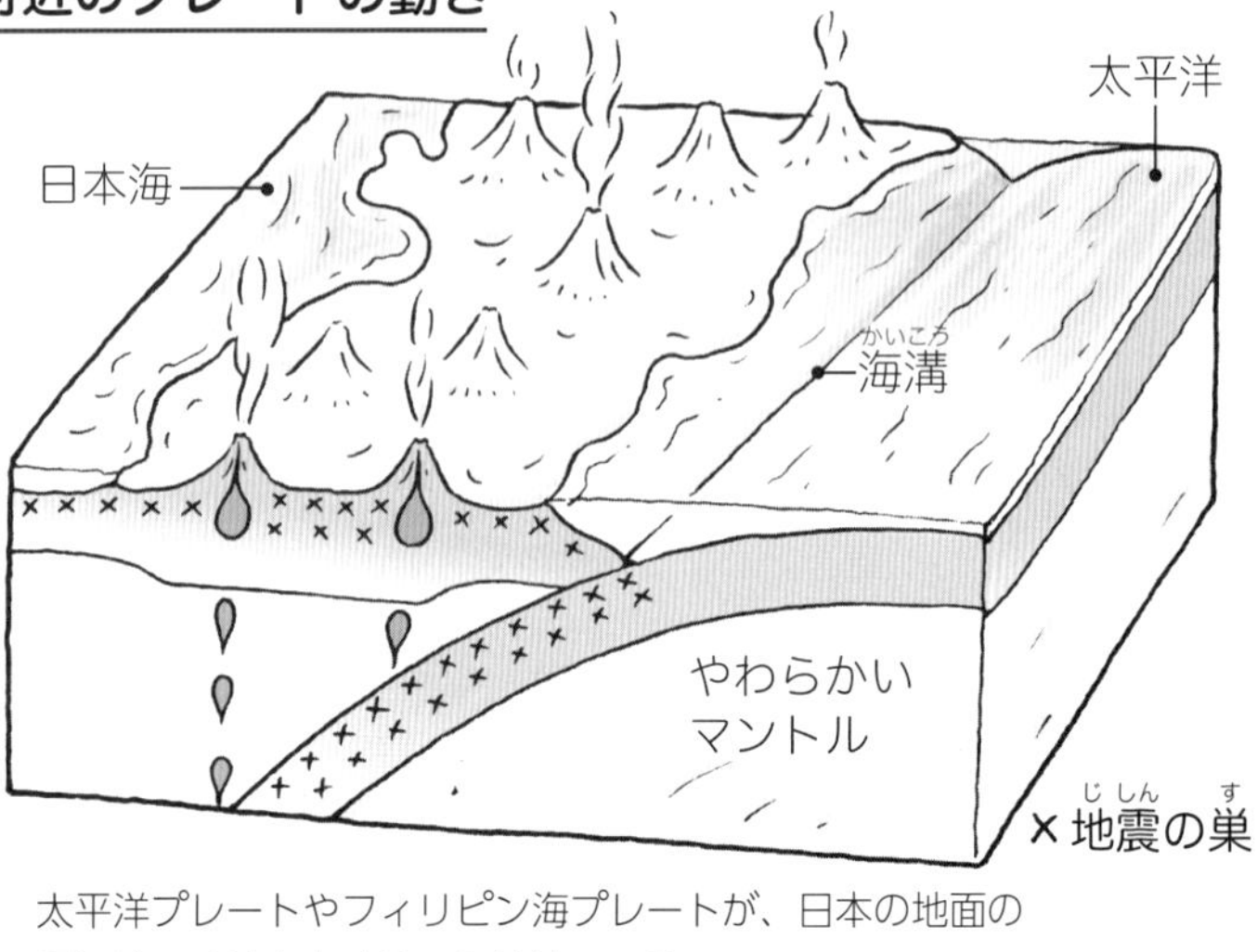
太平洋
日本海
海溝《かいこう》
やわらかいマントル
× 地震《じしん》の巣《す》

太平洋プレートやフィリピン海プレートが、日本の地面の下にゆっくりともぐりこみ続けている。

地層《ちそう》ってどんなもの？

水平な地層《ちそう》　このひとつひとつのシマは、長い年月をかけてたまった砂《すな》や泥《どろ》によるものである（北海道）。

地層《ちそう》は、川によって運ばれた土や砂《すな》が、海の中にたまってできるんだ。下から順にたまっていくから、ふつうは下に行くほど古い層《そう》になる。

地層《ちそう》は、大地のなりたちを知るための、大事な手がかりなんだ。

いろいろな地層《ちそう》

大地はゆっくりとだけど、動いているから、長い年月の間に地層《ちそう》の形も変わるんだ。

ななめの地層《ちそう》

天草《あまくさ》ジオパーク（熊本県）の地層《ちそう》。もともと平らにたまったものが、ななめになっている。地層《ちそう》ができた時にくらべて、右側のほうがより､もり上がったというわけである。

しゅう曲《きょく》

南紀熊野《なんきくまの》ジオパーク（和歌山県）の地層《ちそう》。プレートに押《お》されているところでは、このように地層《ちそう》が曲がってしまうこともある。これをしゅう曲という。

こんなに曲がってしまうなんて、大地の動きってすごいんだね。

断層《だんそう》ってどんなもの？

地層《ちそう》に横から力がかかると、このように割《わ》れて、ずれてしまうことがある。これを断層《だんそう》というんだ。

根尾谷断層《ねおだにだんそう》

1891 年に発生した濃尾地震《のうびじしん》は、日本の陸地で起こった地震《じしん》では観測史上《かんそくしじょう》最大のもので、数十 km の断層《だんそう》が地面にあらわれた（岐阜県）。

これは根尾谷断層《ねおだにだんそう》を掘《ほ》り起こしたもの。たてに6ｍ、横に8ｍもずれているんだ！

活《かつ》断《だん》層《そう》ってどんなもの？

断層《だんそう》が高速でずれると地震《じしん》が起こる。過去《かこ》数十万年くりかえしずれた証拠《しょうこ》があり、今後も地震《じしん》を起こす可能性《かのうせい》のある断層《だんそう》を「活断層《かつだんそう》」と言うんだ。

地層《ちそう》をおすような力がはたらくと、こんなふうにずれる。東日本にはこんな断層《だんそう》が多い。

断層《だんそう》は横にずれることもある。このような断層《だんそう》は西日本に多い。

これでウォーミングアップはおしまい！
さあ、いよいよ
ジオパークへ行こう！

地層《ちそう》をひっぱるような力がはたらくと、こんなふうにずれる。日本ではこのタイプの断層《だんそう》は少ない。島原《しまばら》半島ジオパーク（長崎県）で見ることができる。

1 黒曜石《こくようせき》は銀河《ぎんが》の輝《かがや》き

ぼくは小学生のころ、石を集めるのが好きだった。岩石の名前はほとんどわからなかったので、きれいな石だけを集めていた。近くの草原に落ちていた石を割《わ》ると水晶《すいしょう》ができて、とてもうれしかったのを覚えている。

ぼくは北海道の札幌《さっぽろ》市にすんでいた。近所の畑には、昔の人の使った石器や土器のかけらが落ちていた。小学生のぼくはそんな石器や土器も拾って集めていたのである。近くにきっと遺跡《いせき》があったのだろう。もし、今こんなことをやったら怒《おこ》られてしまうだろうが、小学生のぼくにはわからなかった。拾ってきた石器や土器は、ぼくの宝物《たからもの》だった。石器は、黒曜石《こくようせき》という石でできていた。これがとてもきれいなのである！❶

【黒曜石は美しい！】

みなさんは黒曜石という言葉を聞いたことがあるだろうか？ 黒

曜石はすごい。天然のガラスでできているのだが、まっ黒でつやつやしていて、しかもすきとおって見えるのだ。じっとながめていると、この石の中に小さな宇宙《うちゅう》が広がっているような感じがする。

黒曜石には、黒いものだけではなく、赤い模様《もよう》がまざったものもある。これはとてもめずらしい黒曜石で、「花十勝《はなとかち》」とよばれている。❷ 黒いガラスの中に複雑《ふくざつ》に入りこんでいる赤いガラスの美しさは、「自然の芸術《げいじゅつ》」そのもの。また、同じ黒曜石でも、ボールのように丸くて白い結晶《けっしょう》の入っているものや、細かな結晶《けっしょう》がたくさん入っている「梨肌《なしはだ》」とよばれるものもある。梨肌《なしはだ》の黒曜石はかすかにざらついていて、果物《くだもの》の梨《なし》の切り口のような触《さわ》り心地《ごこち》が魅力的《みりょくてき》だ。また、黒曜石と言っても、黒くないものもある。淡《あわ》い色をした黒曜石もとてもきれいなのである。

黒曜石が割《わ》れた面も美しい。貝の殻《から》のように、シマシマのでこぼこがあるのだが、それに光が反射《はんしゃ》してキラキラ光り、とてもきれいなのである。このかけらを虫メガネで見るとさらに美しい。黒くて透明《とうめい》ですてきなツヤがある。

❶ 子どものころ黒曜石の石器の魅力《みりょく》に目ざめたために、考古学者となった方はずいぶん多いらしい。

❷ 十勝《とかち》地方で多くとれることから、黒曜石は「十勝石《とかちいし》」ともよばれる。

▲黒曜石（上）とその割《わ》れ口（右）

▲「花十勝《はなとかち》」とよばれる黒曜石
（→口絵も見よう）

▲梨肌《なしはだ》の黒曜石

黒曜石のいろいろ
黒くて、つやつやと輝《かがや》く美しい石である。赤い模様《もよう》が入った「花十《はなと》勝《かち》」や、表面がナシの切り口のようにざらついた「梨肌《なしはだ》」、白い結《けっ》晶《しょう》が入ったものなど、いくつかの種類がある。

▲結晶《けっしょう》入りの黒曜石

黒曜石はたくさんとれるので、宝石《ほうせき》には分類されないのだが、その輝《かがや》きは宝石《ほうせき》そのものである。

【黒曜石のジオパーク、白滝《しらたき》】　黒曜石を見るならば、**白滝《しらたき》ジオパーク**（北海道）がおすすめである。なにしろここには日本一大きな黒曜石の産地があるのだ。白滝《しらたき》ジオパークは北海道東部の遠軽町《えんがるちょう》というところにある。遠軽町白滝《えんがるちょうしらたき》の北西部の山々には、赤石山《あかいしやま》、十勝《とかち》石沢《いしざわ》などたくさんの黒曜石の産地がある。ここは旧石器《きゅうせっき》時代＊から日本有数の黒曜石の産地だった。そのため、白滝《しらたき》にはたくさんの遺跡《いせき》がある。

白滝《しらたき》に行ったらはじめに見ておいてほしいのは、白滝《しらたき》ジオパーク交流センターと遠軽《えんがる》町《ちょう》埋蔵文化財《まいぞうぶんかざい》センターである。白滝《しらたき》ジオパーク交流センターでは、黒曜石についてのさまざまな展示《てんじ》があり、遠軽町埋蔵文化財《えんがるちょうまいぞうぶんかざい》センターには黒曜石でつくられた石器の展示《てんじ》がある。遠軽町埋蔵文化財《えんがるちょうまいぞうぶんかざい》センターについては後ほど説明することにして、とりあえず、黒曜石を見に、山の上に行くことにしよう。

【黒曜石の山を探検《たんけん》！】　白滝《しらたき》ジオパークの赤石山《あかいしやま》はすごいところだ。山頂《さんちょう》近くに小学校のグランドくらいの広場（赤石山山頂《あかいしやまさんちょう》広場）がある。その広場は黒曜石のかけらで埋《う》め

＊北海道の旧石器《きゅうせっき》時代は3万年前から1万年前。

▲赤石山山頂《あかいしやまさんちょう》広場の黒曜石。とにかく、どこを見ても黒曜石なのである。

つくされている。とにかく、どの石を見ても、それは黒曜石。赤い模様《もよう》の花十勝《はなとかち》も落ちている。どこを見ても美しい。そして、黒曜石以外の石はひとつも落ちていない。黒曜石の魅力《みりょく》にとりつかれているぼくとしては、ここが天上の楽園のように思えるのだ。この感動、おわかりいただけるだろうか？

赤石山《あかいしやま》などの黒曜石のあるところに行きたければ、白滝《しらたき》ジオパークで開催《かいさい》しているジオツアーに参加しよう。黒曜石のある場所は山の奥《おく》深くである。しかも山に入るためには許可《きょか》が必要である。また、北海道なのでヒグマも出る可《か》能性《のうせい》がないわけではない。❶個人《こじん》や家族で行くことはできないので、ガイド付きのジオツアー

▲黒曜石銀河《ぎんが》ロード。黒曜石のかけらが道を埋《う》めつくしている。

がおすすめである。❷

黒曜石ジオツアーは本当に探検《たんけん》のようだ。ぼくが参加したジオツアーを紹介《しょうかい》しよう。ジオパーク交流センターを出発して10分もすると、マイクロバスは林道の中へ。林道のゲートのカギを開けてさらに奥《おく》へ。バスは、細い林道を登っていく。人のすんでいる家はもちろんない。

バスを降《お》りて林道をトレッキング。道路の上にはところどころ黒曜石のかけらが落ちている。向かう先は赤石山《あかいしやま》。黒曜石の広場があるところだ。

❶ 実際《じっさい》にはヒグマがジオツアーのあいだに出たことはないし、可能性《かのうせい》も低い。

❷ ジオツアーは予約が必要。

歩いているうちに、だんだん黒曜石がふえてくる。ついには、足もとの石全部が黒曜石になってしまう。ここは「黒曜石銀河《ぎんが》ロード」とよばれる。びっしりと道を埋《う》めつくした黒曜石のかけらが日の光に照らされてキラキラと光る。無数の黒い石がキラキラ輝《かがや》くようすは、たしかに銀河《ぎんが》のようである。❶

山頂《さんちょう》に到着《とうちゃく》。ここが赤石山山頂《あかいしやまさんちょう》広場。黒曜石のかけらだけがある広場である。

そこから少しもどったところに、西《にし》アトリエがある。ここからは、黒曜石でできた石器も見つかっているので、旧石器《きゅうせっき》時代の石器工場だったことがわかる。このため、ここは西《にし》アトリエとよばれているのだ。

林道をもどって「八号沢露頭《はちごうさわろとう》」へ。「露頭《ろとう》」とは地中の地層《ちそう》が、地面に出ているところ。「露頭《ろとう》」というものはほとんどの場合、崖《がけ》にある。

道を回りこむと八号沢露頭《はちごうさわろとう》が見えてくる。高さ15メートルの大きな崖《がけ》だ。この崖《がけ》のすごいところは、黒曜石ができたときのようすがそのまま残っていることである。では、黒曜石のできかたを少し説明しよう。

【黒曜石のできかた】

黒曜石はマグマが固まってできた天然のガラスのかた

❶ 銀河《ぎんが》は、自分自身のエネルギーで光っている星（恒星《こうせい》）が、何千億個《こ》も集まった巨大《きょだい》な天体。太陽も「銀河系《ぎんがけい》」という銀河《ぎんが》の中のふつうの星のひとつ。

▲八号沢露頭《はちごうさわろとう》。黒曜石のできかたが観察できる。

まりである。上の写真の左側を見てみよう。崖《がけ》のこの部分は純粋《じゅんすい》な黒曜石でできている。右側の石の割《わ》れ目を見てみると白っぽい。この石は「流紋岩《りゅうもんがん》」という岩石だ。手にとってみるとどこにでもありそうな石だ。

じつはこの流紋岩《りゅうもんがん》と黒曜石は、同じマグマが固まった石である。その証拠《しょうこ》に、崖《がけ》を左から右に向かって近くから見てみると、黒曜石がだんだんと流紋岩《りゅうもんがん》に変わっていくのがわかる。

今から220万年前のこと。この近くで火山の噴火《ふんか》が起こり、マグマが火口からあふれ出してきた。ネバネバのとても流れにくい溶岩《ようがん》である（地下にある間はマグマとよばれるものが、地上にでてきた瞬間《しゅんかん》に溶岩《ようがん》とよばれるようになる）。この溶《よう》岩《がん》はあまりにも流れにくいので、とても厚《あつ》くなり、少しだけ流れたところでとまってしまった。その溶岩《ようがん》のとまった部分、つまり溶岩《ようがん》の先っぽの部分がこの八号沢露頭《はちごうさわろとう》なのである。

溶岩《ようがん》の温度は800度前後と高温だった。表面の部分はすばやく冷えて、中はなかなか冷めずにゆっくりと冷えてくる。ここで、コンビニに売っているあんまんを思い出してほしい。買ってすぐは全体的に熱いのだが、5分もすると外側のふわっとした皮の部分は冷えてくる。でも、ここで油断《ゆだん》して「パクッ」と食べると、熱いあんで口の中をヤケドしてしまう。ということはみなさん、想像《そうぞう》できるよね？

溶岩《ようがん》の外側と内側の熱さの関係はこれと似《に》ている。外側はすぐに冷えても、中はなかなか冷えない。すばやく冷えるほど、溶岩《ようがん》はガラス質《しつ》になりやすいので、外側は黒曜石になる。中は、ゆっくりと冷えるので細かな結晶《けっしょう》がたくさんできて、白っぽい流紋岩《りゅうもんがん》になるのである。

八号沢露頭《はちごうさわろとう》の左側の黒曜石は、溶岩《ようがん》のいちばん外側の部分。つまり、すぐに冷えて固まってしまった部分にあたる。右側は溶岩《ようがん》のなかみの部分。ゆっくりと冷えた部分である。

【シュガーマグマで黒曜石実験！】

と言ってもなんだかわかりにくいので、実験してみよう。マグマのかわりに砂糖《さとう》を使って実験しよう。砂糖《さとう》でガラスをつくる実験をするのである。

「砂糖《さとう》でガラス?」、ずいぶんへんな感じがするかもしれない。説明するのはちょっとむずかしいが、ガラスとは、液体《えきたい》がそのまま固まったようなもので、中の原子はほぼでためにならんでいる。これの反対は結晶《けっしょう》。結晶《けっしょう》の中の原子は規則的《きそくてき》にきちんとならんでいる。もっとも、原子がならんでいるようすは、電子顕微鏡《けんびきょう》の最高級品を使わないと見えないけれど。

砂糖《さとう》のガラスとは、みなさんもよく知っているアメである。

次のページの実験で、アメが黒曜石そっくりになることがおわかりいただけると思う。同じアメの元をゆっくりと冷やすと、白い粒《つぶ》の砂糖《さとう》の結晶《けっしょう》がたくさんできて、アメは白くにごって見える。これが流紋岩《りゅうもんがん》にあたる。食べてもあまりおいしくない。一方、実験でつくるアメは(実験がうまくいけば)きれいな透明《とうめい》なアメになる。そして、とてもおいしい。ベッコウアメのできあがりである。

かんたんジオ実験レシピ①

シュガーマグマで黒《こく》曜《よう》石《せき》をつくろう！

この実験はおとなと一緒《いっしょ》にやろうね。

用意するもの

- グラニュー糖《とう》（上白糖《じょうはくとう》でもＯＫ）
- ホットプレート
- 水
- アルミカップ
- スプーン
- ピンセット2本
- 虫メガネ
- 大さじ、小さじ

1 アルミカップ（直径4cmくらい）に大さじ半分のグラニュー糖《とう》と、小さじ１杯《ぱい》の水を入れる。

2 ホットプレートの中央に置いて、スイッチオン！

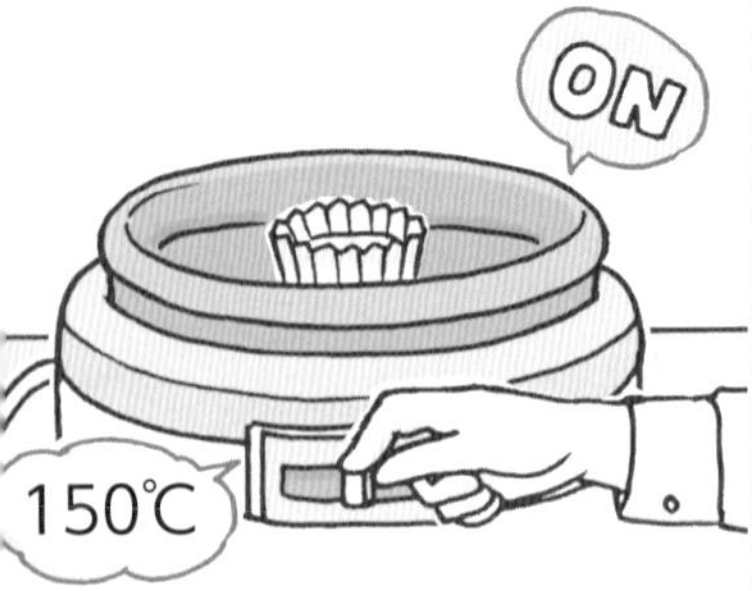
ON
150℃

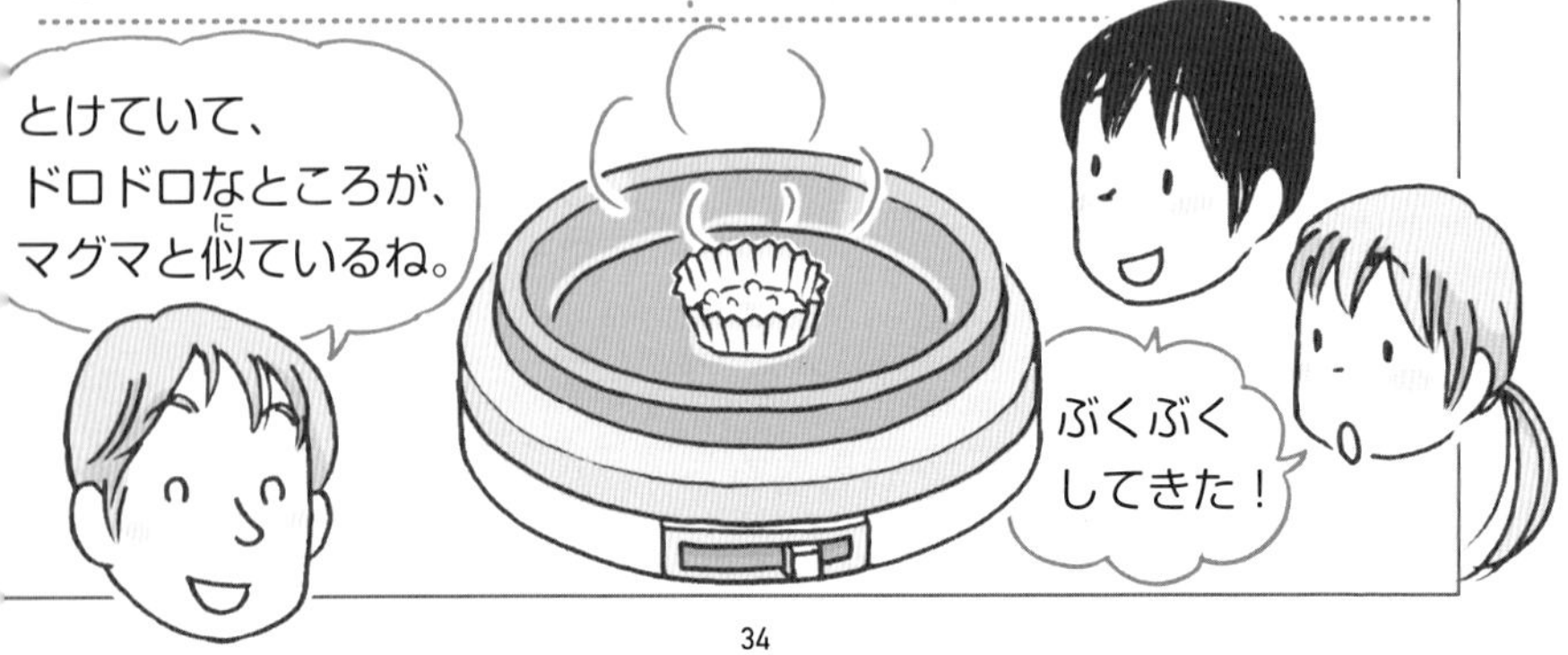
とけていて、ドロドロなところが、マグマと似《に》ているね。
ぶくぶくしてきた！

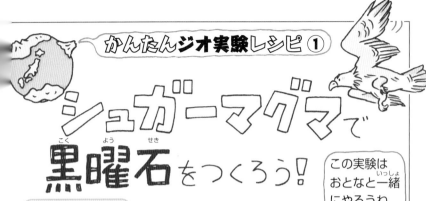

❸ 黄金色《こがねいろ》に色づいてきたら、ホットプレートからおろす。

❹ 冷めてきたら、カップからはずす。

❺ スプーンの背《せ》などで、ゴンと軽くたたいて割《わ》る。

❻ 観察し終えたら、気をつけて食べよう。

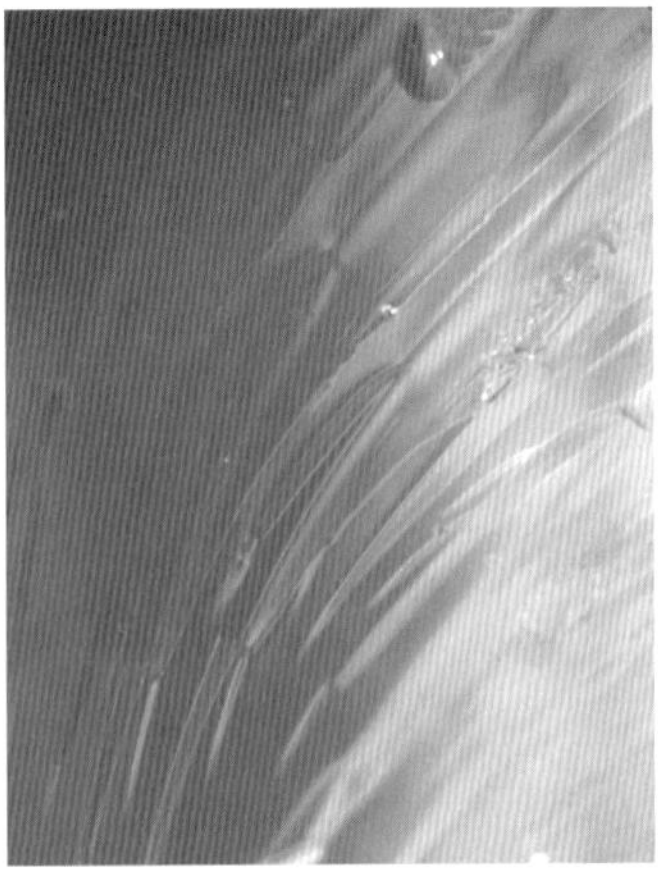

▲黒曜石の割《わ》れ口（左）と、ベッコウアメの割《わ》れ口（右）。

この章のはじめで黒曜石はガラスであると書いた。ベッコウアメもガラスの一種である。というわけで、黒曜石とベッコウアメはとてもよく似《に》ているところがある。

ベッコウアメを割《わ》ってみよう。するとかなりするどく割《わ》れることがわかる。黒曜石ほどはかたくないが、それでも紙くらいなら切ることができる。

ベッコウアメを割《わ》った表面を虫メガネで見てみよう。黒曜石と同じように段々《だんだん》になったシマシマの模様《もよう》が見える。このページの写真の右側はベッコウアメの割《わ》れ口、左側は黒曜石の割《わ》れ口である。ちがうのは、かたさと原料だけである。

このようにアメをつくったところで、ぼくはふと考えた。昔の人は黒曜石で石器をつくった。黒

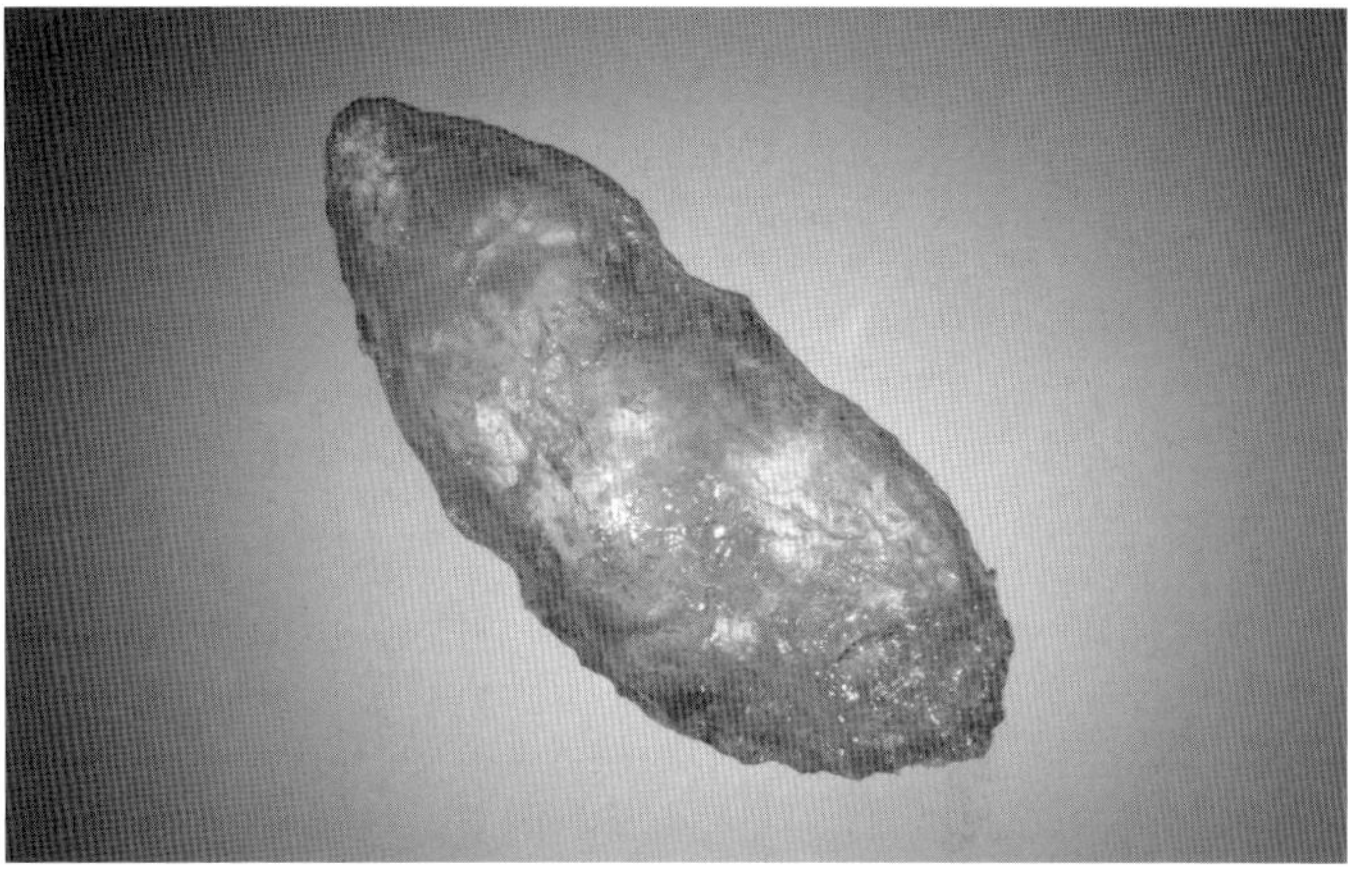

▲熊谷誠《くまがいまこと》さんがつくってくれたアメの石器。

曜石はガラスだ。そしてアメも広い意味のガラスだ。では、アメで石器はできるのだろうか？

【アメで石器をつくってもらったよ】　そこで、ぼくは白滝《しらたき》ジオパークの熊谷誠《くまがいまこと》さんに、アメの石器づくりをお願いすることにした。熊谷《くまがい》さんは考古学の専門家《せんもんか》で、昔の人がどのようにして石器をつくったのか研究しているのだ。

大きめのアメを熊谷《くまがい》さんに送り、アメの石器をつくってもらった、旧石器《きゅうせっき》時代の人と同じつくり方で。おもに使う道具は、鹿《しか》の角でつくったハンマー。旧石器《きゅうせっき》時代の人は、鹿《しか》の角をハンマー代わりに使っていたことが考古学者の研究でわかっているのだ。

そしてできあがったのが、上の写真の石器である。みごとに石器（アメ器）になった。さすが、考古学者。ちなみに白滝《しらたき》ジオパークのジオツアーに行くと、熊谷《くまがい》さんと会えると思うよ。

【自分の手で石器をつくってみよう】　本物の黒曜石から石器をつくることもできる。黒曜石は破《は》片《へん》がするどくて、子どもだけでつくるのはとても危険《きけん》だ。ぜひ石器づくり教室に行こう。白滝《しらたき》ジオパークでも石器づくり教室がおこなわれている。

ぼくも、白滝《しらたき》ジオパークの石器づくり教室で、防護《ぼうご》メガネをつけるのと軍手をはめること以外は、黒曜石の石器をつくらせてもらった。旧石器《きゅうせっき》時代の人々と同じつくり方である。

石器づくりは、楽しいけれど、なかなかむずかしい。黒曜石がなかなか思った方向に割《わ》れてくれないのだ。石器の形と鹿角《しかづの》ハンマーを当てる方向を考えながら割《わ》っていくのだが、その感覚をつかむのがむずかしい。また、できあがりの状態《じょうたい》を思《おも》い浮《う》かべながら、パズル

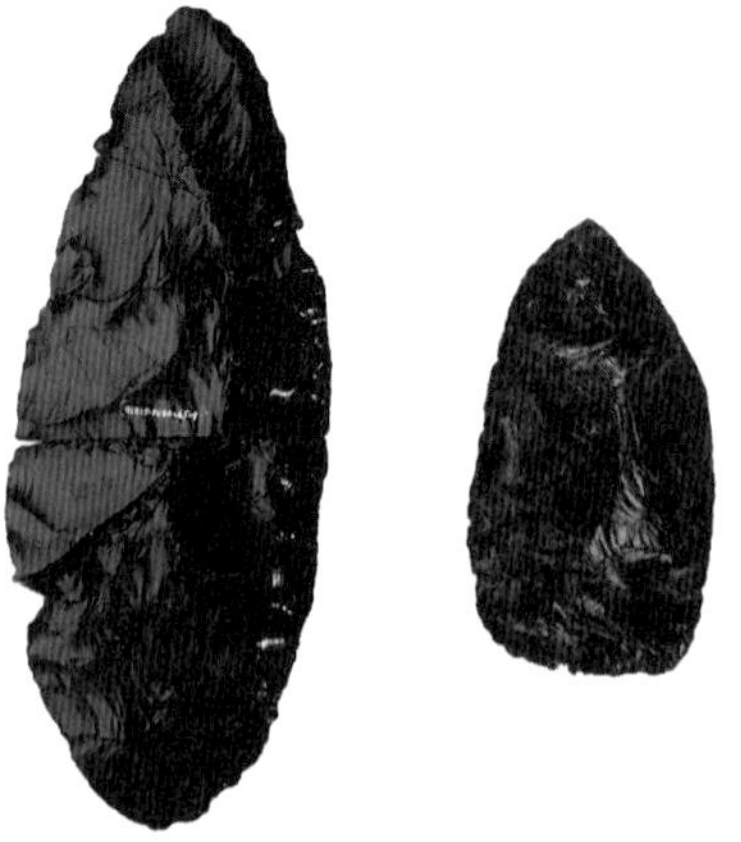

▲昔の人の石器（左）とぼくの石器（右）。

を解《と》くように順序《じゅんじょ》よく割《わ》らないとうまくできないのだが、これもなかなかむずかしい。そうやって1時間ほどかけてつくった石器が、前のページの右の写真である。旧石器《きゅうせっき》時代の人のつくった物に比《くら》べて、ずいぶんゆがんだ形をしている。こうやって自分でつくってみると、昔の人がつくった石器がいかにすばらしいものなのか、よくわかる。自分で石器をつくってみてから、石器の展示《てんじ》を見なおしてみると、石器のすばらしさがよくわかり、感動も倍になる。❶

【旧石器《きゅうせっき》時代の刃物《はもの》】

黒曜石はするどく割《わ》れる。バーベキューの時、黒曜石のかけらで鶏肉《とりにく》の皮を切ってみたのだが、みごとにカットできた。また、まちがって黒曜石の小さなかけらを足で踏《ふ》んでしまい、ケガをしたこともある。切れ味がたいへんするどいので、黒曜石を手で持つときには注意が必要である。なにしろ、黒曜石を手術《しゅじゅつ》に使うお医者さんさえいるのだ。

旧石器《きゅうせっき》時代の人々は、黒曜石のするどく割《わ》れる性質《せいしつ》を利用して、ナイフやヤリの穂先《ほさき》などをつくっていた。黒曜石は刃物《はもの》の材料としてとても大事なものだった。だって、割《わ》るだけで刃物《はもの》ができてしまうのだ。とても便利。現代人《げんだいじん》の

❶ みなさんのつくった石器は昔の人のものとまぎらわしいので、捨《す》てるときは燃《も》えないゴミとして出してほしい。そうしないと考古学者を困《こま》らせてしまう。

▲野牛の肩《かた》の骨《ほね》に刺《さ》さったヤリ（左）と、細石刃《さいせきじん》のヤリの想像図《そうぞうず》（右）。

ぼくたちは、スーパーやホームセンターに行けばかんたんに包丁が買えるし、別に刃物《はもの》がなくても生活できる。しかし、旧石器《きゅうせっき》時代には、刃物《はもの》がないと狩《か》りも料理もできなかった。鉄などの金属《きんぞく》がまだ使えない時代だったので、石器なしでは生きていけなかったのである。

【骨《ほね》に突《つ》き刺《さ》さった石器のヤリ】

ロシア、シベリアのエニセイ川近くにあるココレヴォI遺跡《いせき》からおもしろい石器が見つかった。1万3000年ほど前の旧石器《きゅうせっき》時代の土の中から、「細石刃《さいせきじん》」という細かな石器をたくさん埋《う》めこんだヤリが見つかったのである。ヤリの本体はトナカイの角でできていて、先端《せんたん》の部分3センチメートルくらいが残っていた。おどろいたことにそのヤリの先は、野牛の肩《かた》の骨《ほね》に突《つ》き刺《さ》さったまま見つかったのだ。動物を狩《か》る時、実際《じっさい》に石器が使われたことがよくわかる。

この石器から考古学者が考えたのは次のようなストーリーである。旧石器《きゅうせっき》時代の狩人《かりゅうど》が野牛狩《が》りをしていた。体の高さが2メートルもある野牛を見つけ、ほとんど水平にヤリを投げた。ヤリは少し上に外れて、急所の心臓《しんぞう》ではなく肩《かた》の骨《ほね》に突《つ》き刺《さ》さってしまった。おどろいた野牛はもちろん逃《に》げ出《だ》してしまう。傷《きず》ついた野牛を追いかけていった狩人《かりゅうど》は、10日ほど後に野牛を追いつめ、ついに野牛をとることができた。

また、シベリアの別の遺跡《いせき》では、マンモスゾウの背骨《せぼね》に突《つ》き刺《さ》さった石器が見つかっている。*

【発掘《はっくつ》された石器の博物館《はくぶつかん》】

白滝《しらたき》の黒曜石は石器づくりにむいている。品質《ひんしつ》がとても良いし、量も多い。旧石器《きゅうせっき》時代には、白滝《しらたき》の湧別川《ゆうべつがわ》にそって一大石器工場があったことがわかっている。なにしろここからは700万個《こ》もの石器が発掘《はっくつ》されているのだ。

白滝《しらたき》ジオパーク交流センターと同じ建物の2階にある遠軽町《えんがるちょう》埋蔵文化財《まいぞうぶんかざい》センターでは、発掘《はっくつ》された石器を見ることができる。さすがに700万個《こ》すべては展示《てんじ》できないので、ほ

＊木村英明《きむらひであき》著『北の黒曜石の道：白滝遺跡群《しらたきいせきぐん》』（新泉社《しんせんしゃ》、2005年）および小畑弘己《おばたひろき》著『シベリア先史考古学』（中国《ちゅうごく》書店、2001年）を参考にした。

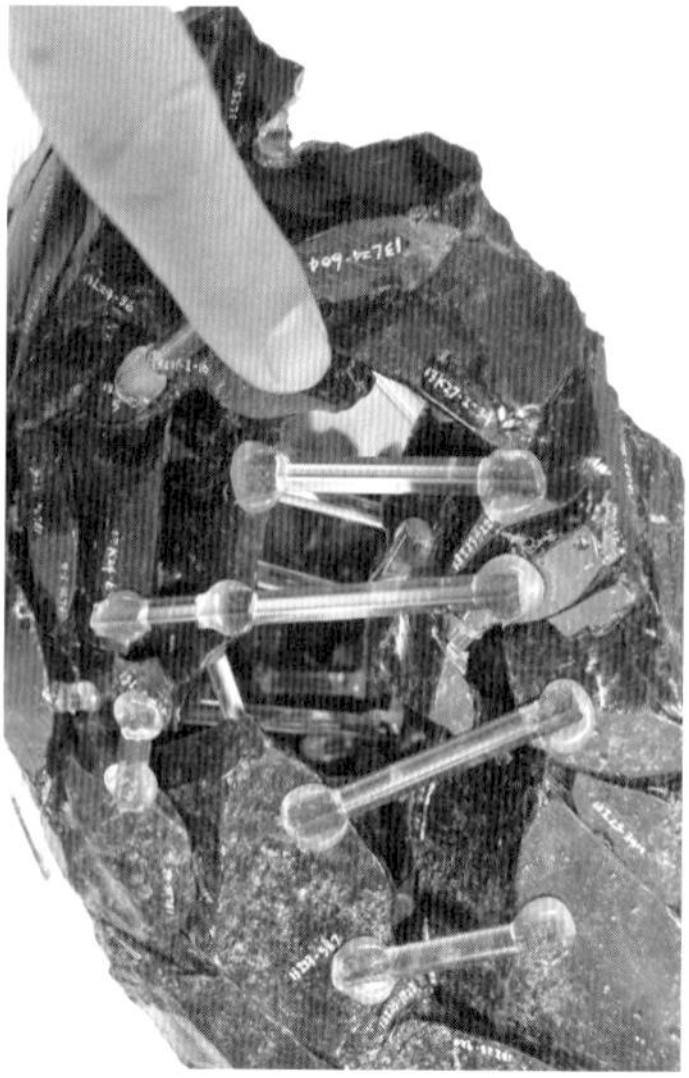

▲かけらから復元《ふくげん》したもとの黒曜石。

んの一部だけが展示《てんじ》されている。が、それでもたくさんの石器がならんでいるようすは迫力《はくりょく》がある。

さまざまな石器があるのだが、ぼくがいちばんおどろいたのは、石器をつくったあと、昔の人がすてた黒曜石のかけらなのである。

割《わ》れた石というのは、もとの形にもどすことができる。もともと同じ石だった場合、割《わ》れた面をくっつけるとぴったりと合うし、別の石であれば2つの石の間にすきまができる。割《わ》れた面の形は複雑《ふくざつ》なので、同じ石から割《わ》れたかけらであれば、立体ジグソーパズルのように組み合わせていくことができるのだ。

ゴミとしてすてられた数百個《こ》の黒曜石のかけらをすべてつなぎ合わせる。すると石器をつくる前のもとの黒曜石の形が再現《さいげん》できる。もちろん、石器として使われた部分はどこかに運ばれてしまって見つからないが、中心の部分には石器の形の穴《あな》が残るのである。この

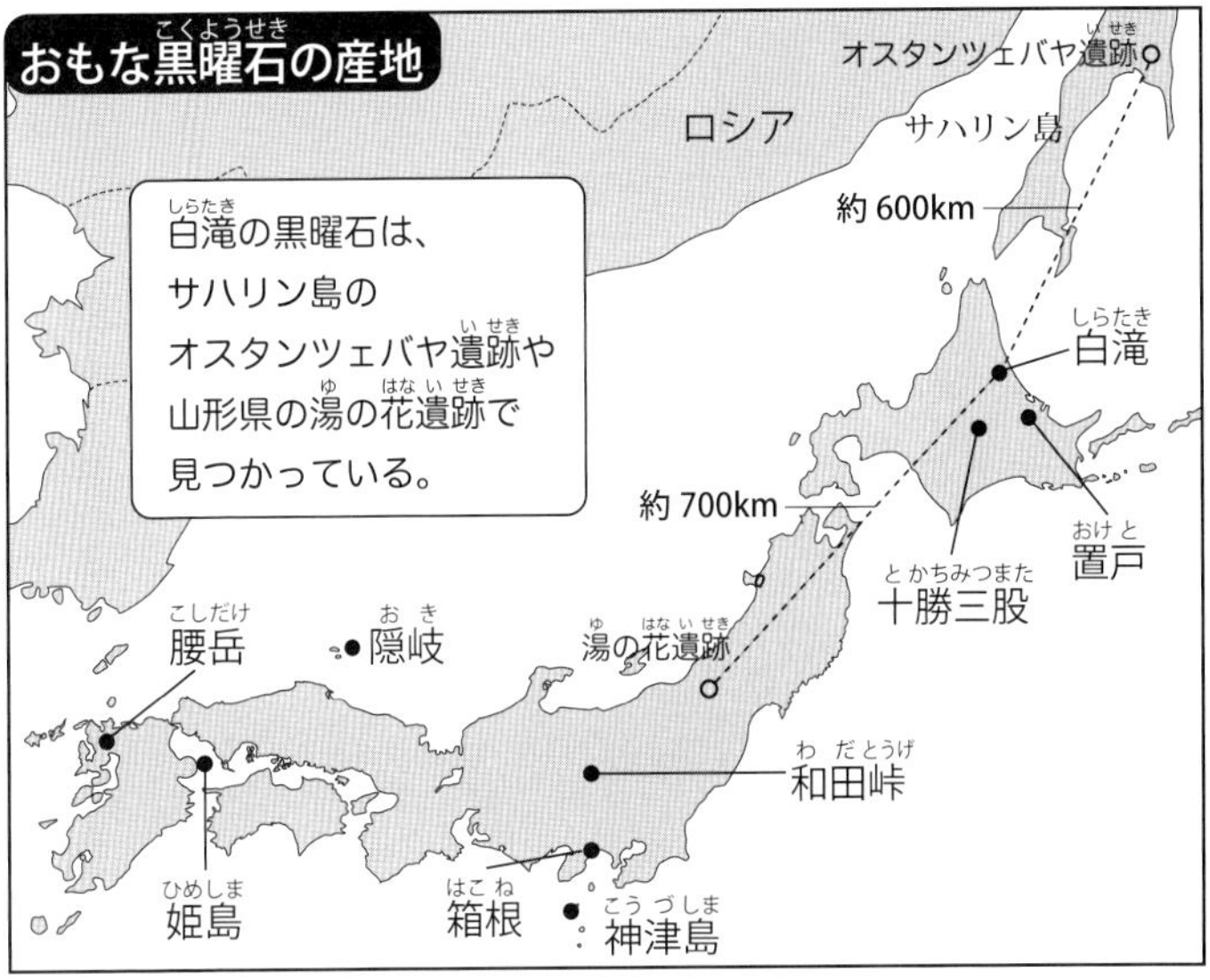
おもな黒曜石《こくようせき》の産地
ロシア
オスタンツェバヤ遺跡《いせき》
サハリン島
約600km
白滝《しらたき》の黒曜石は、
サハリン島の
オスタンツェバヤ遺跡《いせき》や
山形県の湯《ゆ》の花遺跡《はないせき》で
見つかっている。
白滝《しらたき》
置戸《おけと》
十勝三股《とかちみつまた》
約700km
腰岳《こしだけ》
隠岐《おき》
湯《ゆ》の花遺跡《はないせき》
和田峠《わだとうげ》
姫島《ひめしま》
箱根《はこね》
神津島《こうづしま》

ような復元《ふくげん》作業によって、石器の形や大きさ、そしてつくり方がわかるのである。

【人が運んだ黒曜石】　考古学者は石器についていろいろなことを調査《ちょうさ》してきた。石器の材料である黒曜石が、どのくらい遠くまで運ばれているか調べた研究もその一つである。

石器の材料になる黒曜石には、いろいろな産地がある。北海道の白滝《しらたき》のほかに、長野県の和田峠《わだとうげ》、伊豆諸島《いずしょとう》の神津島《こうづしま》、佐賀県の腰岳《こしだけ》などの黒曜石産地が有名である。ジオパークにも、**隠岐《おき》ジオパーク**（島根県）や**おおいた姫島《ひめしま》ジオパーク**（大分県）などの黒曜石の名産地がある。これらの黒曜石の中の元素《げんそ》を分析《ぶんせき》してみると、産地ごとにちがった特徴《とくちょう》をもっていることがわかる。これを利用すると、その黒曜石がどこでとれたものなのかわかるのである。

白滝《しらたき》の黒曜石はどこまで運ばれたのだろうか？　今とちがって、旧石器《きゅうせっき》時代には飛行機も宅配便《たくはいびん》もなかった。だから、遠くに黒曜石を運ぶことはとてもむずかしいような気がする。ところが、白滝《しらたき》の黒曜石で作った石器が、遠く北海道の北にあるサハリン島で見つかったのである。その距離《きょり》はおよそ600キロメートル。

旧石器《きゅうせっき》時代にはぼくたちが想像《そうぞう》するよりもはるかにものの交換《こうかん》がさかんで、貴重《きちょう》な黒曜石は遠くにまで運ばれていたのである。


【黒曜石でわかる川のはたらき】　夏休みの自由研究に良さそうなテーマをお教えしよう。遠軽町《えんがるちょう》の川原《かわら》には黒曜石が落ちている。赤石山《あかいしやま》から、水の力で運ばれてきた石である。数センチメートルから十数センチメートルの丸くなった黒曜石だ。博物館《はくぶつかん》で見る黒曜石とはちがって、表面にはたくさんの傷《きず》があり、白っぽくなっているので、なかなかわかりにくい。でも、よく見ると、割《わ》れているところから黒いガラスが見えている。もっと下流の湧別川《ゆうべつがわ》の河口《かこう》に行っても、赤石山《あかいしやま》から流れてきた黒曜石がとれる。上流から下流に向かっ

▲遠軽町《えんがるちょう》の川原《かわら》の黒曜石。大きさと、川の流れとの関係をみてみよう。

て大きさがどのように変わるか調べると、川のはたらきがわかっておもしろい自由研究になると思うよ。

【ついでに白滝《しらたき》ジオパークのおとな向けの魅力《みりょく》】　白滝《しらたき》ジオパークは、みなさんのお父さんやお母さんにとっても魅力《みりょく》的《てき》なところだと思う。いくつか紹介《しょうかい》しておこう。うまく誘《さそ》ってジオパークに連れていってもらおう！

白滝《しらたき》ジオパークはオホーツク海の近くにある。車で1時間と少しでオホーツク海に出ることができる。だから、海《うみ》の幸《さち》を味わうのにとても良いところなのだ。5月、オホーツク海の流氷が海岸をはなれたころが毛ガニのおいしい季節。7月には、とれたてのホッカイシマエビを食べることができる。みなさんが食べてもおいしいと思うけれど、お父さんにとっては最高のごちそうではないかと思う。ぼくは7月に白滝《しらたき》ジオパークに行ったのだが、ホッカイシマエビのほかにソイという魚（北海道に行ったらかならず食べる必要あり）や時鮭《ときしらず》（希少なサケの一種）など、たいへんなごちそうにおどろいた。6月のアスパラガスも魅力的《みりょくてき》だしね。

2 恐竜《きょうりゅう》の島を訪《たず》ねよう

▲恐竜《きょうりゅう》のオブジェが港でむかえてくれる。

　船でたどりついたぼくをむかえてくれたのは、大きな恐竜《きょうりゅう》の頭だった。ぼくは、映画《えいが》『ジュラシック・パーク』❶（→次ページ）の島に上陸するようなわくわくした気持ちになったのである。

【恐竜《きょうりゅう》の島に上陸！】　ここ**天草《あまくさ》ジオパーク**（熊本県）の御所浦島《ごしょうらじま》は、恐竜《きょうりゅう》の化石を見ることができる「恐竜《きょうりゅう》の島」である。この島では、恐竜《きょうりゅう》以外にもさまざまな化石が見つかる。道のわきや草むらの中の石にも、たくさんの貝の化石が入っているのだ。それもほとんどすべて

が、恐竜《きょうりゅう》の時代に生きていた生物のものである。❷

天草《あまくさ》ジオパークの御所浦《ごしょうら》にたどりつくのはたいへんだ。でも、わざわざ行くだけのおもしろさがあることは、ぼくが保証《ほしょう》しよう。

天草《あまくさ》ジオパークは熊本市《くまもと》の西の海上にある。その中の御所浦《ごしょうら》には18の島があるが、どの島も九州本土とはつながっていない。しかも、飛行場もないので、島に行くためには、どうしても船を使うしかない。

御所浦《ごしょうら》にたどりつくためにぼくが使ったのは、天草《あまくさ》空港経由《けいゆ》のルートである。東京の羽田《はねだ》空港からジェット機で福岡《ふくおか》空港に飛び、乗《の》り継《つ》ぎのため空港内をダッシュで走り、ボンバルディア・エアロスペース社のDHC《ディーエイチシー》8-103（プロペラ機）に乗りこみ、天草諸島《あまくさしょとう》の中心にある天草《あまくさ》空港に向かった。座席数《ざせきすう》39席の小さな飛行機である（この飛行機が楽しい！　飛行機好きのぼくにとっては、ディズニーランドのアトラクションのように楽しいのである）。着陸した天草《あまくさ》空港から、バスに乗ってバスターミナルへ、さらに800メートルほど歩いて定期船乗り場へ。

❶映画《えいが》『ジュラシック・パーク』は1993年に公開された、恐竜《きょうりゅう》がテーマのSF《エスエフ》映画である。監督《かんとく》はスティーブン・スピルバーグ。それまでの映画《えいが》にでてきた恐竜はとても本物には見えなかった。おもちゃが動いているようにしか見えなかったのである。この作品ではじめて生きているようなリアルな恐竜《きょうりゅう》が登場した。ぼくはこの映画《えいが》が公開されたとき、たいへん興奮《こうふん》したのを覚えている。映画《えいが》としてもよくできているのでとてもおすすめ。2015年には最新作『ジュラシック・ワールド』が公開された。

そこから船に乗り、40分ほどで御所浦島《ごしょうらじま》の玄関口《げんかんぐち》である御所浦港《ごしょうらこう》についた。めったに味わえない楽しい旅行だ。新幹線《しんかんせん》や飛行機を使って、一気にビューンとどこかへたどり着いてしまうよりも、ずっと楽しいと思う。

御所浦港《ごしょうらこう》におりたら、港から歩いて1分の御所浦白亜紀資料館《ごしょうらはくあきしりょうかん》を訪《たず》ねよう。恐竜《きょうりゅう》化石の展示《てんじ》がすばらしいし、なによりここが天草《あまくさ》ジオパークの本拠地《ほんきょち》なのである。

【白亜紀《はくあき》ってどのくらい昔なの?】

御所浦白亜紀資料館《ごしょうらはくあきしりょうかん》の「白亜紀《はくあき》」という言葉がむずかしいので、少しだけ説明しよう。「白亜紀《はくあき》」とは、はるか昔の時代をあらわすことばだ。

恐竜《きょうりゅう》がたくさんいた時代は「中生代《ちゅうせいだい》」❸とよばれる。中生代《ちゅうせいだい》はさらに3つの時代にわかれる。そのうち、いちばん新しい時代を「白亜紀《はくあき》」というのだ。白亜紀《はくあき》は、1億4500万年前から6600万年前まで続いた、とても長い時代である。❹

❷化石は決められた場所以外ではとらないようにね。

❸中《ちゅう》生代《せいだい》の「生」は生物の「生」、「代」は時代をあらわすことばで、「江戸《えど》時代」などという場合の「時代」にあたる。中生代《ちゅうせいだい》の次の時代は「新生代《しんせいだい》」、中生代《ちゅうせいだい》の前の時代は「古生代《こせいだい》」。「新生代《しんせいだい》」は、ほ乳類《にゅうるい》の時代である。

❹「白亜紀《はくあき》」の「白亜《はくあ》」は英語ではチョーク。「白亜紀《はくあき》」の「紀」もやはり時代をあらわす言葉で、「代」を細かく分けたもの。

中生代《ちゅうせいだい》から現在《げんざい》まで

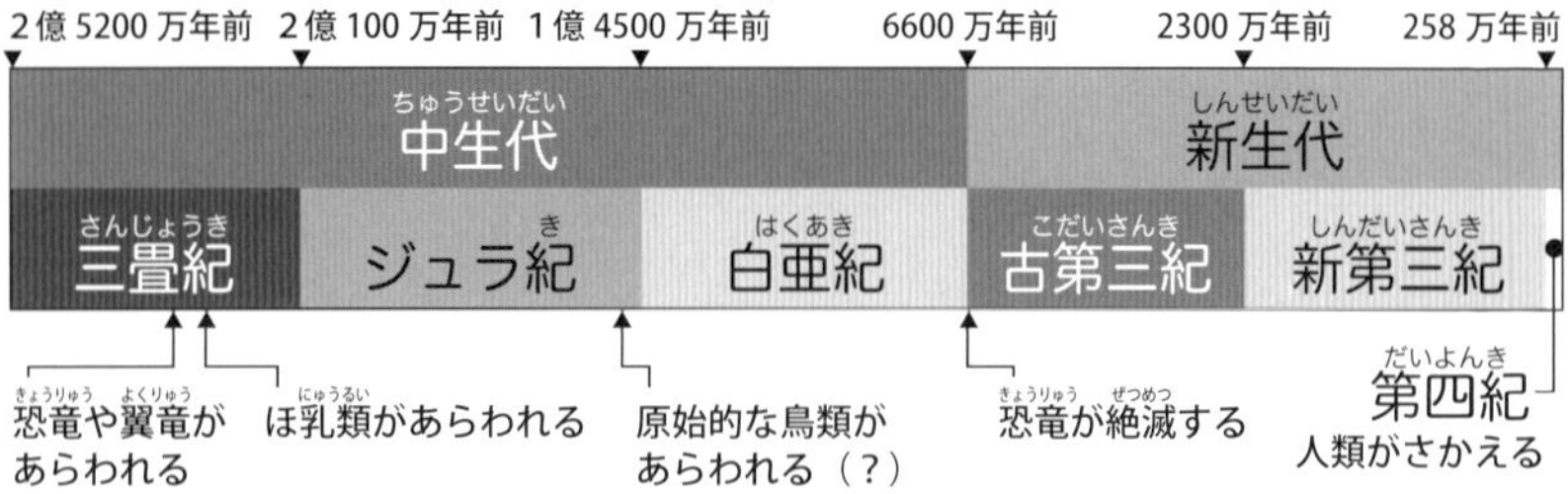
2億5200万年前
2億100万年前
1億4500万年前
6600万年前
2300万年前
258万年前
中生代《ちゅうせいだい》
新生代《しんせいだい》
三畳紀《さんじょうき》
ジュラ紀《き》
白亜紀《はくあき》
古第三紀《こだいさんき》
新第三紀《しんだいさんき》
恐竜《きょうりゅう》や翼竜《よくりゅう》があらわれる
ほ乳類《にゅうるい》があらわれる
原始的な鳥類があらわれる（？）
恐竜《きょうりゅう》が絶滅《ぜつめつ》する
第四紀《だいよんき》
人類がさかえる

　ちなみに白亜紀《はくあき》の前の時代はジュラ紀《き》。英語でいうと「ジュラシック」である。そう、映画《えいが》『ジュラシック・パーク』のジュラ紀《き》である。

　御所浦《ごしょうら》の白亜紀《はくあき》の地層《ちそう》はおよそ1億年前のものである。1億年前と言われても、どのくらいの古さなのかよくわからないと思う。まあ、地質学《ちしつがく》を学んだぼくでも、なかなかイメージできないのだから、そこは安心してほしい。少しはわかるように説明しよう。

　年表をつくってみよう。平安《へいあん》時代から現在《げんざい》までが1センチメートル、つまり1000年が1センチになるような年表をつくるのである。これだと長い時代もあらわしやすい（この年表に、みなさんの生まれた年を書き入れると、紙のはしから0・1ミリメートルくらいのところになるよ）。この年表で1億年前は、なんと1000メートルも向こうになる。平安《へいあん》時代が1センチメートルなのに、白亜紀《はくあき》は1000メートル！　白亜紀《はくあき》がものすごく昔ということがわかるね。ちなみに同じ年表で、地球のはじまりの46億年前を書くとすると、46キロメートルも先になる。白亜紀《はくあき》なんて、地球の歴史の中ではごく最近の時代なのだ。❶

【御所浦白亜紀資料館《ごしょうらはくあきしりょうかん》の化石たち】　さて、御所浦白亜紀資料館《ごしょうらはくあきしりょうかん》に話をもどそう。この資料館《しりょうかん》はとても小さいのだが、おもしろい化石がたくさん展示《てんじ》されている。かならず見ておいてほしい「お宝《たから》」化石がいくつかある。

はじめに「肉食恐竜《きょうりゅう》の歯」。もちろん御所浦《ごしょうら》で発見されたものである。先は欠けているが、もともとの長さは10センチメートルほどあったはずである。肉食恐竜《きょうりゅう》の歯の特徴《とくちょう》は、ノコギリのようなギザギザである。ステーキを食べるためのナイフについているギザギザと似《に》ているね。このような歯は、獲物《えもの》の肉を食べるのに便利なのである。こんな歯が何十本も口の中にならんでいるところを想像《そうぞう》してみよう。こんな恐竜《きょうりゅう》におそ

❶ このような長い時間のことが「これだっ！」とよくわかる方法がほかにもある。それはかんたん。「年」を「円」におきかえるのだ。6600万年前と6600年前とはとてもまちがいやすい。これを円におきかえると6600万円と6600円。6600万円は家を買えるくらいのお金だが、6600円だとみなさんも見たことのあるお金だと思う。鹿児島《かごしま》大学の火山学者、井村隆介《いむらりゅうすけ》先生の発明した方法である。

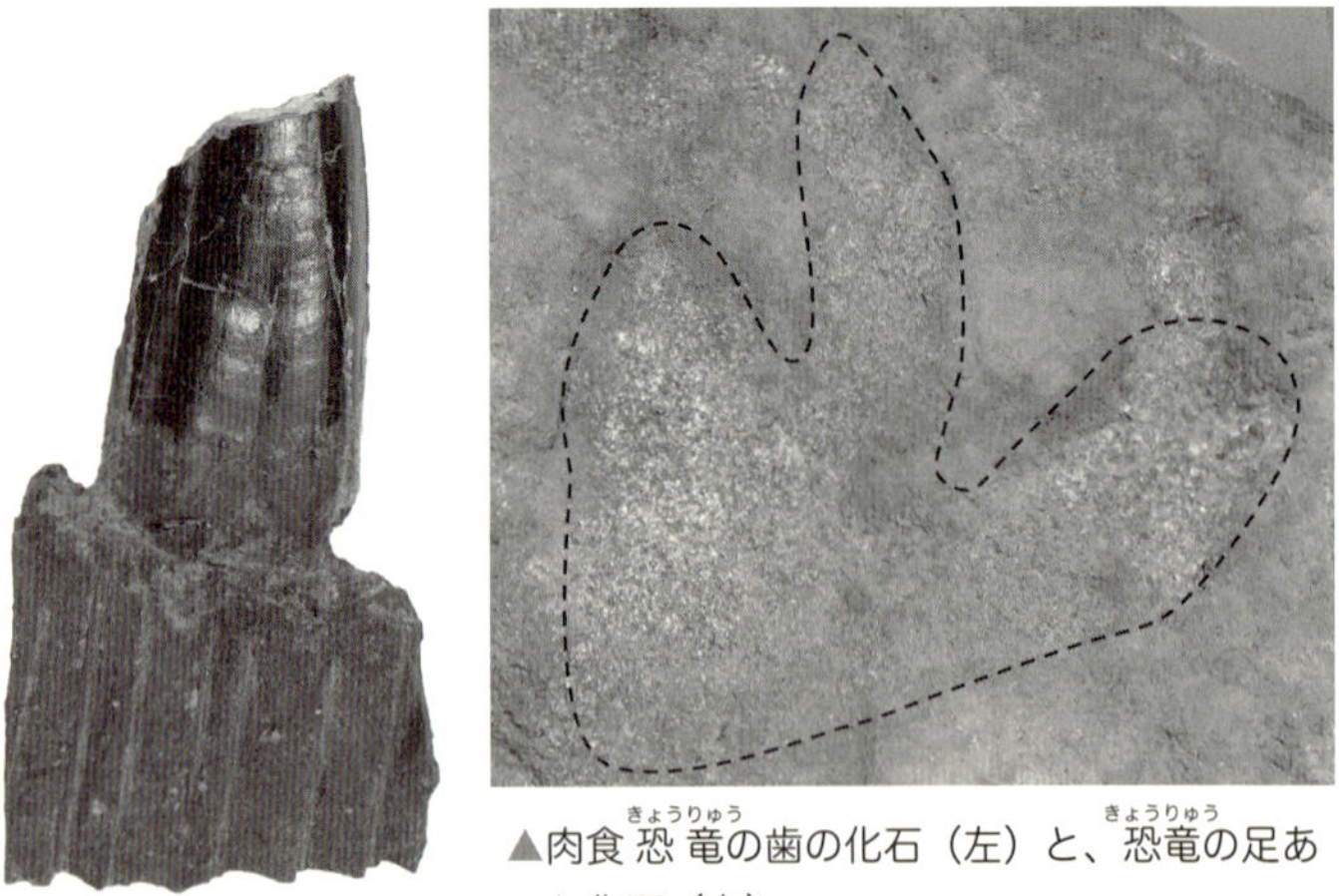

▲肉食恐竜《きょうりゅう》の歯の化石（左）と、恐竜《きょうりゅう》の足あと化石（右）。

われたら、ひとたまりもないね。

恐竜《きょうりゅう》の足あと化石も見のがせない。後で行く弁《べん》天島《てんじま》というところで発見されたものである。足あと化石は掘《ほ》り出《だ》して資料館《しりょうかん》に展示《てんじ》されている。見つかったところにはレプリカ（プラスチックなどでつくった複製《ふくせい》）がはめこまれているのだ。弁天島《べんてんじま》を訪《おとず》れた時のために、ここで本物をじっくりと見ておこう。足あとは約38センチメートルの大きさである。体の長さが5メートルくらいある肉食恐竜《きょうりゅう》の右足のあとだ。指は3本ある。

また、この資料館《しりょうかん》ではトリゴニアという貝の化石もチェックしておいてほしい。なぜなら、この化石を後で採集《さいしゅう》するからである。資料館《しりょうかん》ではほかに植物食恐竜《きょうりゅう》の足の骨《ほね》や、イグアノドン（これも植物食恐竜《きょうりゅう》）の歯、アンモナイトの化石も見ておいてほしい。

【化石を訪《たず》ねて海の旅】　では、船で化石見学に行くことにしよう。これから弁天島《べんてんじま》に恐竜《きょうりゅう》の足あと（のあったところ）を見にいくのだ。海上タクシーは港近くの「しおさい館《かん》」で頼《たの》むことができる。❶

御所浦《ごしょうら》の海と外海との間にはたくさんの島があるので、波はおだやかである。波のほとんどない、なめらかな水面を船で進んでいくのはとても気持ちがいい。

10分ほどで無人島の弁天島《べんてんじま》に到着《とうちゃく》する。さきほど、御所浦白亜紀資料館《ごしょうらはくあきしりょうかん》で見た、足あとの化石の発見された場所である。いよいよ上陸。さん橋におり、海岸ぞいに歩くと、足あと化石の説明看板《かんばん》が見えてくる。干潮《かんちょう》の時には足あと化石の場所が見えるはずだ。レプリカがおかれているので、すぐにわかると思う。❷

ここに来たら、想像《そうぞう》してほしい。1億年前、あなたの目の前を恐竜《きょうりゅう》が歩いたのだ。体長5メートルもあるので、見上げるほど大きいのである。想像《そうぞう》を

❶ 海上タクシーは何人乗っても1時間1万円くらい。12人乗りなので、何人かで乗り合わせるほうがよい。

❷ 弁天島《べんてんじま》にわたる橋はないので、歩いては行けない。

ふくらませていくうちに、なんだかすぐそばに恐竜《きょうりゅう》がいるような気持ちにならないかな？

この足あとは1997年に発見された。4個《こ》見つかったが、一番はっきりしているものが、レプリカとなっている足あとである。

今、足あとは波がうちよせる場所にある。足あとができた当時も、そこは同じように水があるところだったらしい。たとえば河口《かこう》のようなところ。そこを恐竜《きょうりゅう》が歩いて、足が砂《すな》にめりこみ足あとができる。そのあと、洪水《こうずい》で足あとが泥《どろ》におおわれ、さらにほかの地層《ちそう》でおおわれる。長い年月の間に砂《すな》や泥《どろ》は固まり、岩でできた地層《ちそう》になる。やがて上の岩がけずられ、地中深く埋《う》もれていた地層《ちそう》が地面に顔を出して、足あとが人間の見えるところにでてきたのだ。ここにいると、1億年分の地球の物語を見ているような感じがする。

なお、満潮《まんちょう》の時には、足あとが海の水におおわれてしまうこともある。心配だったら、干潮《かんちょう》の時間を調べてから弁天島《べんてんじま》を訪《おとず》れよう。❶

弁天島《べんてんじま》から反時計回りに御所浦島《ごしょうらじま》を回っていくと、やがて「白亜紀《はくあき》の壁《かべ》」に

❶干潮《かんちょう》、満潮《まんちょう》の時間はネットで調べることができる。気象庁《きしょうちょう》のウェブサイトなどを見てみよう。

足あと化石ができて露出《ろしゅつ》するまで

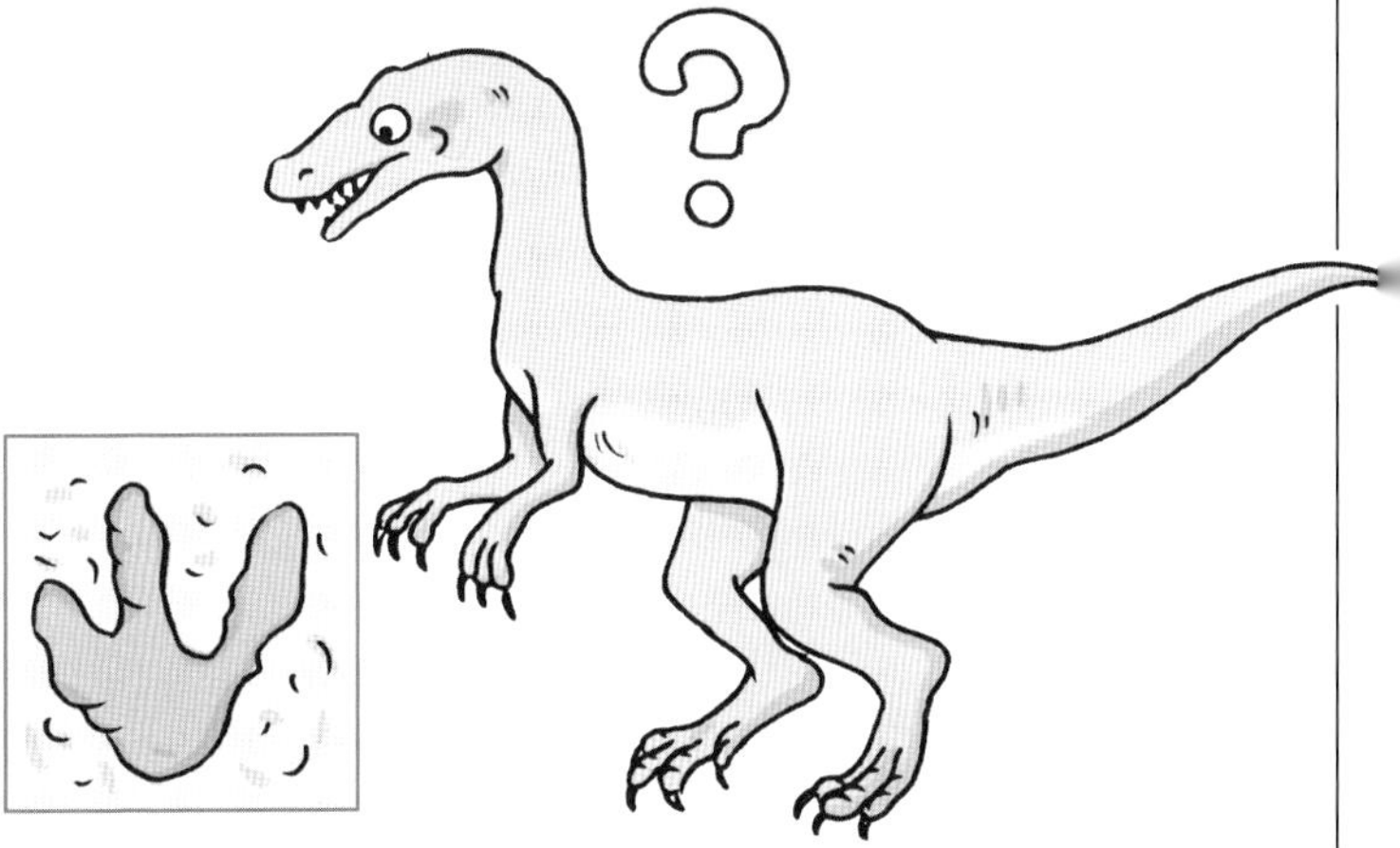

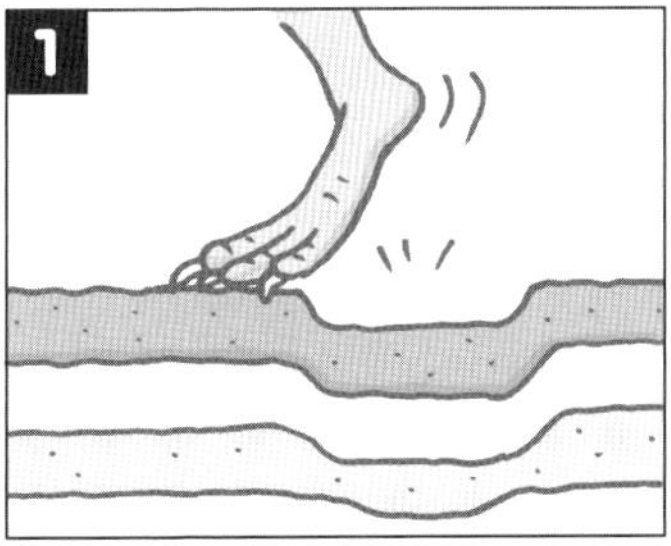

恐竜《きょうりゅう》が歩いて、
足あとができる。

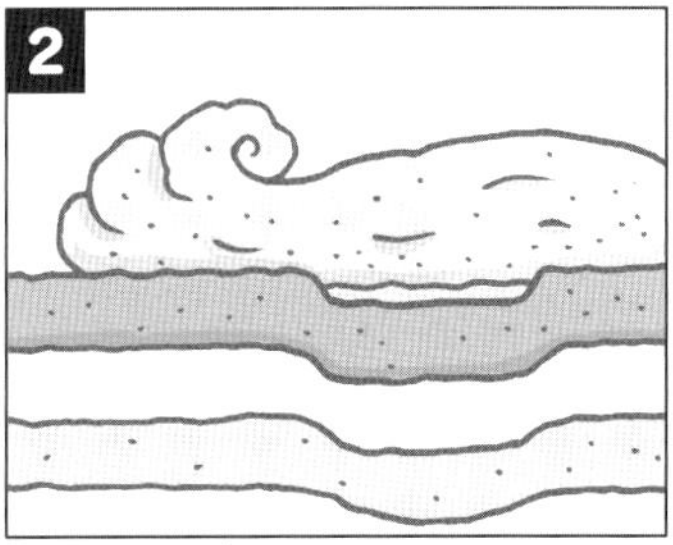

足あとが泥《どろ》におおわれる。

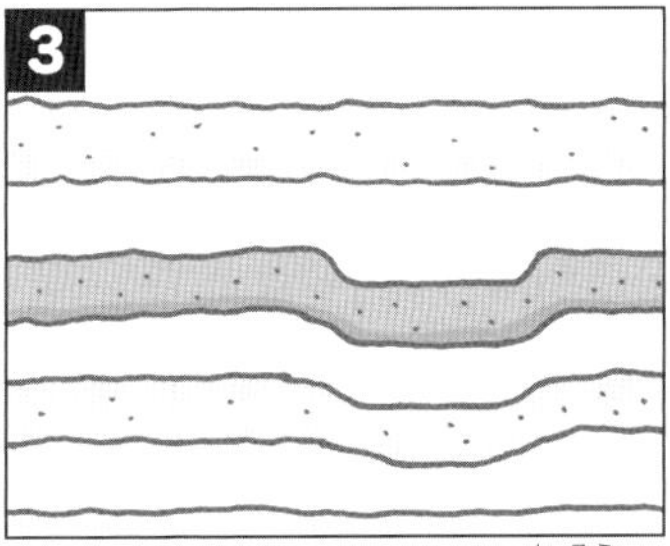

長い年月の間にほかの地層《ちそう》で
おおわれる。

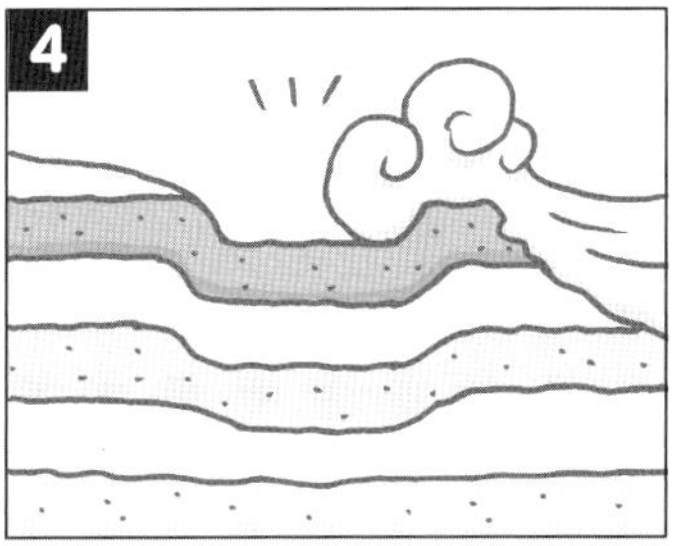

上の岩がけずられ、化石が
顔を出す。

▲白亜紀《はくあき》の壁《かべ》。ここで多くの貴重《きちょう》な化石が見つかっている。

つく。ここは船からながめることになる。高さ200メートルの崖《がけ》で、赤・白・灰色《はいいろ》の地層《ちそう》のシマシマが見えている。ここは御所浦《ごしょうら》でもっともたくさんの化石が見つかるところだ。残念ながら、くずれやすく危険《きけん》なので立ち入りはできない。

この後もほかの化石のある場所を船で訪《おとず》れよう。1時間ほどの船の旅である。化石だけではなく、海を船で移動《いどう》する楽しさも味わってほしい。

【化石を訪《たず》ねてサイクリング】

御所浦《ごしょうら》を自転車で見て回るのもとても楽しい。今度の目的地は、御所浦島《ごしょうらじま》と橋でつながっている牧島《まきしま》である。この島にも白亜紀《はくあき》の地層《ちそう》があるが、御所浦島《ごしょうらじま》の地層《ちそう》よりも少しだけ新しい。といっても8500万年前のもの。この地層《ちそう》からはアンモナイトの化石が発見されている。発見された場所で化石がそのまま保存《ほぞん》されている「アンモナイト館《かん》」が、自転車旅行の最終目的地である。

では、自転車を港近くのしおさい館《かん》で借りて出発しよう。御所浦島《ごしょうらじま》は離島《りとう》であり、自動車は少ないが、交通安全には気をつけよう。10分ほど走ると、植物食恐竜《きょうりゅう》パラサウロロフスのモニュメントが見えてくる。空を背景《はいけい》にすると、とてもカッコいい写真が撮《と》れる。

▲パラサウロロフスのモニュメント。

ぜひ、このあたりで海をながめてみよう。御所浦《ごしょうら》には18もの島があり、あまり橋がないので、島の人は船で移動《いどう》することが多い。どこかにすわって、目の前の水路を見てみよう。ぼくは、静かで波のない海面を船が行《い》き交《か》うようすをながめているのが大好きだ。とてもリラックスできるのである。

▲ニガキ化石公園に展示《てんじ》されているプテロトリゴニアという貝の化石（上）と、化石がふくまれた岩（右）。

さて、しばらく休んだら自転車の旅を再開《さいかい》しよう。牧島《まきしま》に行くためには大きな橋をわたらなければならない。わたりきったところで右に曲がり、ニガキ化石公園に行こう。ここにはたくさんの化石入りの岩が野外展示《てんじ》されているのだ。

ニガキ化石公園にはたくさんの化石があるので、じっくり見学すると30分はかかるだろう。道をもどり、さきほどの橋のところに来たら、右に曲がってさらに牧島《まきしま》の奥《おく》をめざそう。ときどき地元の人とすれちがうと思う。ぜひ大きな声で「こんにちは！」とごあいさつしよう。

【アンモナイトをのぞきこむ】　さて、いよいよアンモナイト館《かん》へ到着《とうちゃく》。「館《かん》」と名前はついていても、とても小さな建物で、5人入るのがやっとである。中に入り、井戸《いど》のような穴《あな》の底をのぞくと、巨大《きょだい》なアンモナイトが見える。発見された時のまま、地層《ちそう》の中に入った状態《じょうたい》で化石が見える。これが九州で発見された最大のアンモナイトで、直径60センチメートルもあるのだ。正式名称《めいしょう》をユーパキディスカスというそうである。

アンモナイトは、ぐるぐる巻《ま》いた殻《から》の中にイカのような動物が入っているといった感じの生物❶である。もちろん化石になるのはその殻《から》だけである。海の中で生きていたアンモナイトが死んで、海の底に沈《しず》むと、体のやわらかい部分はすぐに分解《ぶんかい》され（あるいはほかの動物に食べられ）、運が良ければ殻《から》の部分だけが化石になるのだ。❷

白亜紀《はくあき》の海の中ではとても栄えていたアンモナイトだが、6600万年前

▲ユーパキディスカス。巨大《きょだい》なアンモナイトである。この化石は直径60cmもある。

❶ アンモナイトは頭足類《とうそくるい》の一種。イカやタコの仲間である。
❷ アンモナイトの化石を見るならば、三笠《みかさ》ジオパーク（北海道）もおすすめ。

に姿《すがた》を消してしまった。絶滅《ぜつめつ》したのである。絶滅《ぜつめつ》とはその種類の生物が1匹《ぴき》もいなくなること。一度絶滅《ぜつめつ》すると、二度とその種はあらわれないという決定的なできごとである。

アンモナイトが絶滅《ぜつめつ》した時、同時に恐竜《きょうりゅう》も絶滅《ぜつめつ》した。すべての種の70パーセントが絶滅《ぜつめつ》した大事件《だいじけん》が6600万年前に起こったのである。いったい何が起きたのだろう?

【2013年2月のチェリャビンスク隕石《いんせき》】

ところで、みなさんは2013年2月にロシアに落ちたチェリャビンスク隕石《いんせき》のことを覚えているだろうか? 直径17メートル、重さ1万トンの隕石《いんせき》❶が、大気圏《たいきけん》に突入《とつにゅう》してきて、上空20キロメートルのところで爆発《ばくはつ》したという事件《じけん》である。この爆発《ばくはつ》は、原子爆弾《ばくだん》数十発分のエネルギーだった。隕石《いんせき》の破片《はへん》は回《かい》収《しゅう》され、分析《ぶんせき》された。この隕石《いんせき》を目撃《もくげき》した人は、太陽のように明るかったとか、熱を感じたと言っている。爆発《ばくはつ》により発生した衝撃波《しょうげきは》でけがをした人が大勢《おおぜい》いる。この隕石《いんせき》の落下事件《じけん》で死者がでなかったのは、かなり運が良かったと、ぼくは思う。高度20キロメートルで爆発《ばくはつ》が起きたのが幸いしたのだ。もし爆発《ばくはつ》が低空や地表で起きたとすると、被害《ひがい》ははるかに大きかっただろう。このときの映像《えいぞう》はYouTube《ユーチューブ》にたくさん残されているので、ぜひ見てほしい。

宇宙《うちゅう》から飛んでくる隕石《いんせき》は、こんなにすごい力を持っている。このようなエネルギーを持っているのは、隕石《いんせき》がとても速いからである。チェリャビンスク隕石《いんせき》は、秒速20キロメートルで大気圏《たいきけん》に突入《とつにゅう》した。これがどんなに速いのか説明しよう。

日本出身の田中将大《たなかまさひろ》投手（マー君）は、アメリカ大リーグのヤンキースにいる。コントロールが良く、球の切れもいい、すばらしい才能《さいのう》を持った選手である。田中《たなか》投手は時速１５０キロメートル以上でボールを投げることができる。こんな球にまともに当たったらたいへんなことになる。ところが隕石《いんせき》の速度はもっとすごいので、もっとたいへんなことになるのだ。たとえば、野球のボールを、隕石《いんせき》の速度の秒速20キロメートルで投げたとしよう。当たったが最後、バッターは死んでしまう。なにしろ野球のボールを秒速20キロメートルで投げると、26トンの球を時速１５４キロメートルで投げたのと同じ勢《いきお》いで、バッターにぶつかってしまうのだ。❷

高速で大気圏《たいきけん》に突入《とつにゅう》してくる隕石《いんせき》は、野球のボール程度《ていど》の大きさでも、

❶ 隕石《いんせき》とは、宇宙《うちゅう》から地球に飛んできた岩石。ただし岩石とはいっても、鉄でできた隕石《いんせき》もある。

❷ こんな速さでボールを投げたら、ボールは途中《とちゅう》で燃《も》えつきるか、蒸発《じょうはつ》してしまうかもしれないけれど。

すごいエネルギーを持っている。しかも、それが1万トンもの重さなのだ。チェリャビンスク隕石《いんせき》が、いかにすごいものだったかおわかりいただけるだろう。

チェリャビンスク隕石《いんせき》のかけらの一つを紹介《しょうかい》しよう。大きさ12ミリメートルほどの小さなかけらなのだが、高熱で表面がとけて黒いガラスになっている。

▲ぼくが手に入れたチェリャビンスク隕石《いんせき》のかけら。高熱で表面がとけている。

【恐竜《きょうりゅう》をほろぼした隕石《いんせき》】

白亜紀《はくあき》の最後に恐竜《きょうりゅう》やアンモナイトをほろぼしたのは隕石《いんせき》である。この隕石《いんせき》は、チェリャビンスク隕石《いんせき》とほぼ同じ速度で地球に突入《とつにゅう》してきたとされる。でも、その直径は10キロメートルもあるのだ。もうあまりにも大きくて想像《そうぞう》がつかないが、とんでもない爆発《ばくはつ》が起きたことはおわかりいただけるだろう。

恐竜《きょうりゅう》たちをほろぼした隕石《いんせき》の爆発《ばくはつ》エネルギーの大きさを、原子爆弾《ばくだん》と比《くら》べてみよう。原子爆弾《ばくだん》の中でも水素爆弾《すいそばくだん》というのはもっとも大きな爆発《ばくはつ》を起こす。では、この隕石《いんせき》の爆発《ばくはつ》

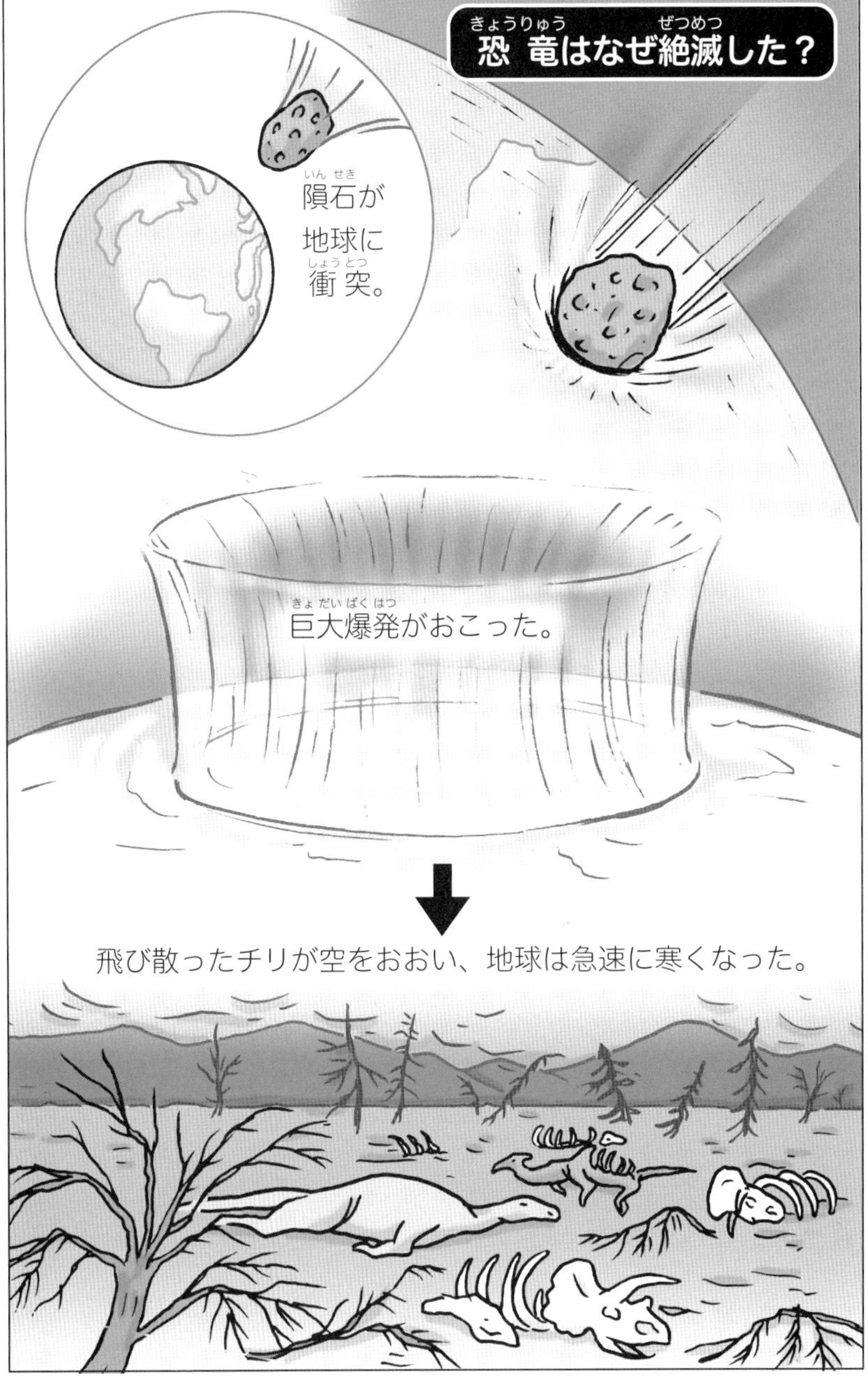
恐竜《きょうりゅう》はなぜ絶滅《ぜつめつ》した？
隕石《いんせき》が地球に衝突《しょうとつ》。
巨大爆発《きょだいばくはつ》がおこった。
飛び散ったチリが空をおおい、地球は急速に寒くなった。

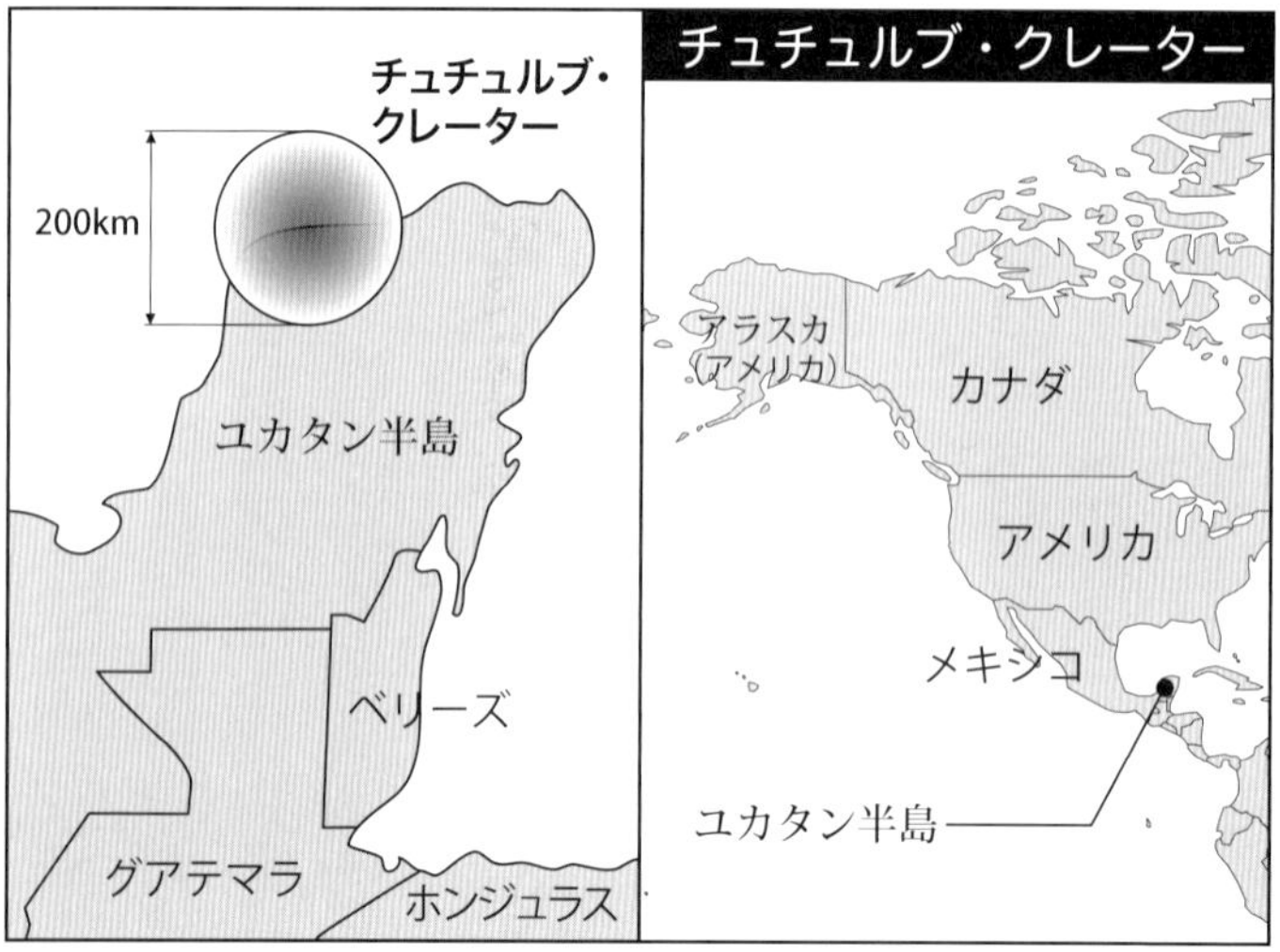

は、水素《すいそ》爆弾《ばくだん》何個《なんこ》分になるのだろう？

　水爆《すいばく》を１０００個《こ》まとめて爆発《ばくはつ》させたところを想像《そうぞう》してほしい。イメージはわくかな？　水《すい》爆《ばく》１個《こ》でも巨大《きょだい》なエネルギーがでてくるのに、１０００個《こ》まとめるとたいへんなエネルギーになる。でも、これでもまだまだ恐竜《きょうりゅう》をほろぼした隕石《いんせき》のエネルギーよりはだいぶ小さい。

　水爆《すいばく》を１０００個《こ》まとめて爆発《ばくはつ》させた超大爆《ちょうだいばく》発《はつ》を、さらに10万回分まとめて起こしたところを考えてほしい。これが、恐竜《きょうりゅう》たちをほろぼした隕石《いんせき》が起こした爆発《ばくはつ》と同じくらいなのである。もう、とても想像《そうぞう》できないね。❶

　この隕石《いんせき》は海にぶつかった。その少し後に、津波《つなみ》が発生した。ただの津波《つなみ》ではなく超巨大《ちょうきょだい》な津波《つなみ》である。その高さは300メートルにもなったと推定《すいてい》されている。落下地点には直径200キロメートルの大きな穴《あな》があいた。メキシコ、ユカタン半島のチュチュルブ・クレーターである。

高さ300メートルの津波《つなみ》！　こんな津波《つなみ》が、もし東京に来たら、波の上から顔を出す建物は、東京スカイツリーと東京タワーだけである。また、直径200キロメートルのクレーターは、関東地方よりやや小さい程度《ていど》である。

こんな大穴《おおあな》があくとき、そこをつくっていた岩石と飛んできた隕石《いんせき》は粉々にくだけて（一部はとけてしまって）飛び散ってしまう。それらのチリは地球全体をおおい、何年か後には地上や海に降《ふ》ってくるので、世界中に分布《ぶんぷ》する地層《ちそう》となる。これまでに知られているどんな地層《ちそう》よりも広いところで見つかるのだ。これは「黒色粘土層《こくしょくねんどそう》」といわれ、世界の各地から発見されている。もちろん、日本でも発見されている。この粘土《ねんど》の中に、隕石《いんせき》からきた「イリジウム」という元素《げんそ》が、ふつうの岩石よりも多く入っていることが隕石衝《いんせきしょう》突《とつ》説の決め手になったのだ。❷

❶ この時の爆発《ばくはつ》エネルギーは、ＴＮＴ《ティーエヌティー》換算《かんさん》で100テラトンと推定《すいてい》されている。
❷ くわしく知りたい方には、松井孝典《まついたかふみ》著《ちょ》『新版《しんぱん》　再現《さいげん》！巨大隕石衝突《きょだいいんせきしょうとつ》　6500万年前の謎《なぞ》を解《と》く』（岩波《いわなみ》科学ライブラリー）がおすすめ。

飛び散ったチリは、地球の上にまっ黒な厚《あつ》い雲をつくった。この雲は光をほとんど通さない。地球は、いつもは太陽の光であたためられている。その光がさえぎられることで、地球の表面は急速に寒くなってしまった。そのため、それまで長い間栄えてきた恐竜《きょうりゅう》やアンモナイトは絶滅《ぜつめつ》してしまったのである。

【隕石《いんせき》とほ乳類《にゅうるい》】　そのころの、ほ乳類《にゅうるい》の多くは、ネズミのように小さな動物だったと考えられている。人間は「霊長類《れいちょうるい》」の仲間であるが、その祖先《そせん》も、この「衝突《しょうとつ》の冬」を生きのびた。すみかから外に出てみると、恐竜《きょうりゅう》はいなくなっていたのだ。霊長類《れいちょうるい》の中から進化してきたのが、ぼくたち人類の祖先《そせん》である。

というわけで、もし、恐竜《きょうりゅう》が絶滅《ぜつめつ》した隕石《いんせき》の衝突《しょうとつ》がなかったら、ぼくたち人類はこの地球にいなかったかもしれないのだ。

今この本を読んでいるみなさんの中に、巨大隕石《きょだいいんせき》がまた地球にぶつかったらどうしようと心配している人はいないかな？　これほど大きな巨大隕石《きょだいいんせき》の衝突《しょうとつ》はめったに起きないので安心してほしい。もしあなたが今後１００万年生きていたとしても、次の超巨大衝突《ちょうきょだいしょうとつ》を見ることは、たぶんできないだろう（このサイズの超巨大衝突《ちょうきょだいしょうとつ》は数千万年に一度の割合《わりあい》でしか

▲化石とり体験（上）。二枚貝《にまいがい》の化石などが採集《さいしゅう》できる（右）。

起こらないのである）。

【化石をとりに行こう！】　さて、今度は化石をとりに行こう！　化石探《さが》しはとても楽しいので、ぜひ試してみてほしい。もちろん、御所浦《ごしょうら》の化石は厳重《げんじゅう》に保護《ほご》されているので、どこでも化石がとれるというわけではない。決められた化石採集場《さいしゅうじょう》に行こう。化石採集場《さいしゅうじょう》は、化石の入った岩石がたくさんおいてある広場で、安全に化石をとることができる。では、アンモナイト館《かん》から御所浦白亜紀資料館《ごしょうらはくあきしりょうかん》の方にもどって化石採集場《さいしゅうじょう》に行こう。

なお、化石採集《さいしゅう》のためのハンマーなどは御所《ごしょ》浦白亜紀資料館《うらはくあきしりょうかん》で貸《か》してもらえる。化石採集《さいしゅう》にあたってはいくつか大事な注意があるので、

資料《しりょう》館《かん》の方からよく聞いておいてほしい。❶

ハンマーを借りたら、「トリゴニア砂岩《さがん》」化石採集場《さいしゅうじょう》に向かおう。資料《しりょう》館《かん》からは歩いて5分くらい。ここにあるのは島の南から運んできた化石入りの石だ。もともとは浅い海にたまった砂《すな》の地層《ちそう》がかたくなったものである。ここでは「トリゴニア」という二枚貝《にまいがい》の仲間の化石が採集《さいしゅう》できる。「トリゴニア」を日本語に直すと三角貝。また、アンモナイトの化石も時々見つかる。もしかして、もしかすると、あなたはこの採集場《さいしゅうじょう》からめずらしい化石を発見するかもしれない。

2001年のこと、化石採集《さいしゅう》体験のために御所浦島《ごしょうらじま》を訪《おとず》れた山形県の家族が、たいへんなものを見つけた。は虫類（あるいは恐竜《きょうりゅう》）のヒフのあとの化石だ。1億年前、泥《どろ》の上にごろんと寝《ね》そべった動物がいた。泥《どろ》の上にくっきりと残ったのは、その生物のウロコのあと。それが1億年の時をこえて岩の中から見つかったのだ。10センチメートル×9センチメートルの大きさのヒフのあとには、2ミリメートルの大きさのウロコのあとがついていた。大

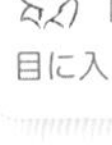

❶「硬《かた》い石や大きな石は、無理にハンマーでたたかないで下さい。破片《はへん》が飛び危《き》険《けん》です」「ハンマー同士をぶつけ合う行為《こうい》は決してしないで下さい。その破片《はへん》が目に入ると、失明等の恐《おそ》れがあります」は特に大事（御所浦白亜紀資料館《ごしょうらはくあきしりょうかん》ＨＰ《ホームページ》より）。

昔の生物のヒフが見えるなんて、なんだか不思議な感じがする。

もちろん、めずらしい化石はめったに見つからないが、貝の化石はきっととれると思う。貝の化石は石を割《わ》らなくても、石の表面に見えていることが多い。ハンマーで割《わ》るよりも、たくさんの石を見て回るほうが、化石がたくさんとれると思うよ。

▲は虫類（あるいは恐竜《きょうりゅう》）のヒフのあとの化石。
山形県の家族が御所浦《ごしょうら》で発見した。

家族連れの方が大発見をした話をしたので、中学生の女の子がそれ以上の「超《ちょう》」大発見をしたお話をしておこう。

【中学生の超《ちょう》大発見！】　北陸地方には「手取層群《てとりそうぐん》」という地層《ちそう》があり、恐竜《きょうりゅう》の化石がとれることで世界的に有名である。この手取層群《てとりそうぐん》からはじめて恐竜《きょうりゅう》の化石を見つけたのは、中学生の女の子だったのである。

１９８２年のこと。場所は、**白山手取川《はくさんてどりがわ》ジオパーク**（石川県）の中にある「桑島化石壁《くわじまかせきかべ》」。当時中学生だった松田亜規《まつだあき》さんは、家族といっしょに化石採集《さいしゅう》に来て

▲中学生が発見した恐竜《きょうりゅう》の歯の化石（左）。これをきっかけに、桑島化石壁《くわじまかせきかべ》（右）をはじめとする地層《ちそう》「手取層群《てとりそうぐん》」は世界的な恐竜《きょうりゅう》化石の産地となった。

いた。松田《まつだ》さんが見つけたのはきれいな黒い石で、これを家に持ち帰った。ところが、ある時まちがってこの石を落としてしまったのだ。割《わ》れたところからあらわれたのは恐竜《きょうりゅう》の歯の化石。もちろん、その時は何の化石かわからなかったのだが、3年後に博物館《はくぶつかん》の人がその化石を見ることになり、恐《きょう》竜《りゅう》の化石とわかったのである。手取層群《てとりそうぐん》からはじめて発見された恐竜《きょうりゅう》の化石である。

この「はじめて」というところがとても大事である。恐竜《きょうりゅう》の化石があるということが一度わかると、専門家《せんもんか》がどんどん発掘《はっくつ》をすすめる。次から次へと恐竜《きょうりゅう》の化石が発見され、手取層群《てとりそうぐん》は世界的に有名な恐竜《きょうりゅう》化石の産地となったのである。このきっかけになったのは中学生。すごいことだよ

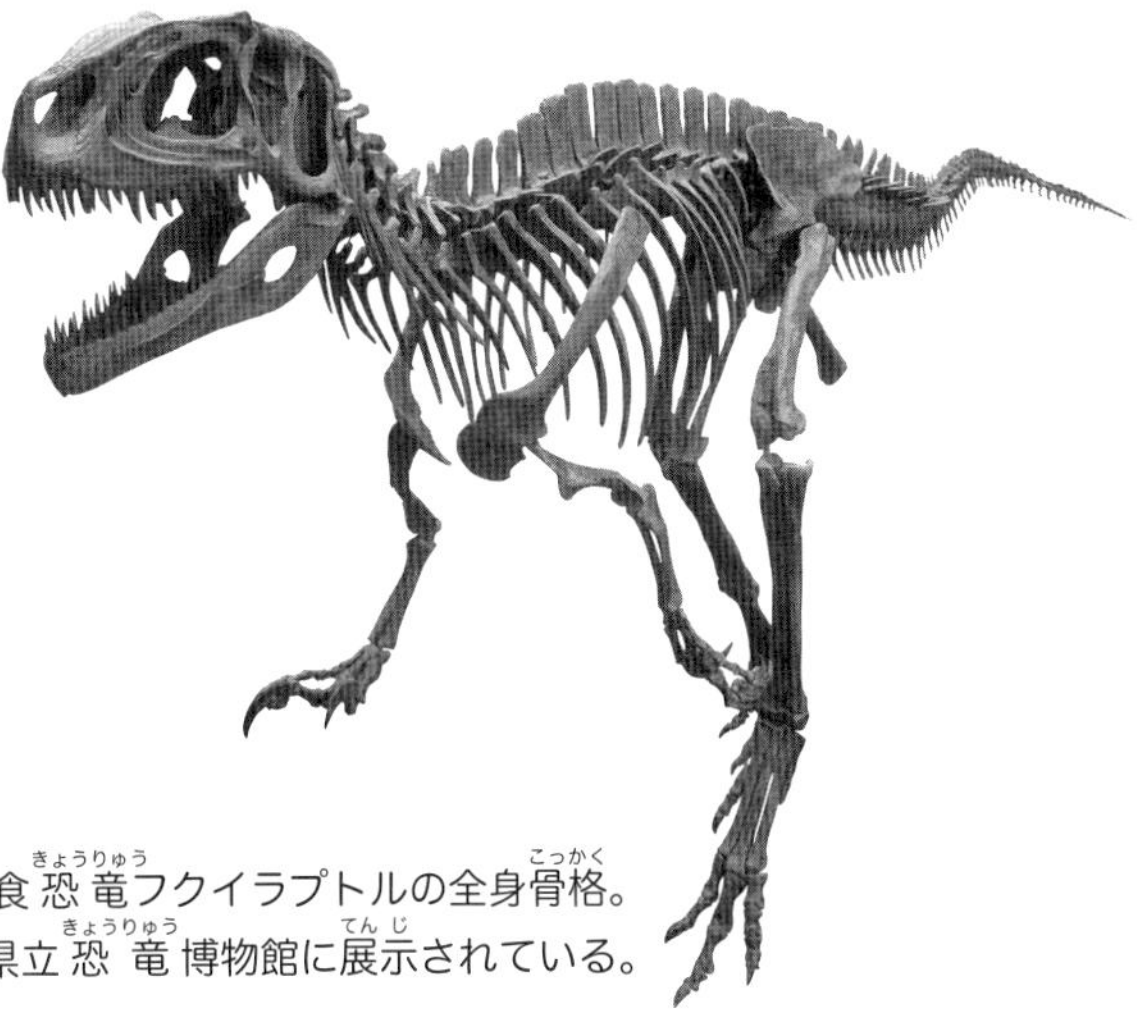

▲肉食恐竜《きょうりゅう》フクイラプトルの全身骨格《こっかく》。福井県立恐竜《きょうりゅう》博物館に展示《てんじ》されている。

ね。❶

【手取層群《てとりそうぐん》関係のジオパーク】

白山手取川《はくさんてどりがわ》ジオパークと**恐竜渓谷《きょうりゅうけいこく》ふくい勝山《かつやま》ジオパーク**（福井県）では、手取層群《てとりそうぐん》をつくる地層《ちそう》や、そこからとれた恐竜《きょうりゅう》の化石を見ることができる。白山手取川《はくさんてどりがわ》ジオパークでは桑島《くわじま》化石壁《かせきかべ》が見どころ。恐竜渓谷《きょうりゅうけいこく》ふくい勝山《かつやま》ジオパークでは、福井県立恐竜博物館《きょうりゅうはくぶつかん》を訪《おとず》れて、フクイラプトル（肉食恐竜《きょうりゅう》）やフクイサウルス（植物食恐竜《きょうりゅう》）など、手取層群《てとりそうぐん》で発掘《はっくつ》された恐竜《きょうりゅう》の全身骨格《こっかく》の化石を見てほしい。

❶ 手取層群《てとりそうぐん》をはじめとする日本の恐竜《きょうりゅう》化石の産地について知るためには、漫《まん》画家《がか》で、イラストレーターで、恐竜《きょうりゅう》研究家であるヒサクニヒコさんの『日本の恐竜《きょうりゅう》』（ハッピーオウル社）がおすすめ。

3 沖縄《おきなわ》のビーチで星砂《ほしずな》さがし、そして洞《どう》くつ探検《たんけん》！

ある日のこと、ぼくは沖縄にいた。海岸ぞいの道をドライブしていると、サンゴ礁《しょう》や白い砂浜《すなはま》が見える。車を止め、砂浜《すなはま》にでてみた。❶

【沖縄《おきなわ》のビーチ】 沖縄の砂浜《すなはま》、つまりビーチは本当にきれいだ。太陽の光はすばらしく強く、ほぼ真上から照っている。沖縄のビーチのほとんどは、サンゴなどがくだけた白い砂《すな》❷でできている。その砂《すな》に日光が反射《はんしゃ》してまぶしい。そして暑い。まぶしさも暑さも体に突《つ》き刺《さ》さってくるようだ。ぼくには、その鋭《するど》さがとても気持ち良く、そして美しく感じられる。❸ 島ぞうり（模様《もよう》をほりこんだビーチサンダル）をはいたまま海の中に入る。足が少し冷たいだけでも幸せだ。しばらく遊んで岸にもどり、浜《はま》の砂《すな》を手のひらにつけてみた。

ぼくは星砂《ほしずな》をさがしたかったのである。

▲強い日ざしと澄《す》んだ海。沖縄のビーチは本当にきれいだ。

【星砂《ほしずな》とは？】

みなさんは星砂《ほしずな》を知っているだろうか？

それは星のような形をした白い砂粒《すなつぶ》である。沖縄みやげとして売られているのをよく見かける。星砂《ほしずな》の大きさは1ミリメートルくらい。丸い粒《つぶ》から何本かの角がでていて、星が光っているような形をしている。

星砂《ほしずな》のもとは、じつは生き物である。それは「バキュロジプシナ」という小さな動物だ。一粒《つぶ》一粒《つぶ》の星砂《ほしずな》が、それ

❶ 2015年現在《げんざい》、沖縄にはジオパークはないけれど、ジオパークになれそうなところがたくさんあるので、この本に掲載《けいさい》することにした。

❷ 沖縄のビーチの白い砂《すな》のほとんどは「生物のカラ」でできている。虫メガネを使うと、サンゴ、カニのコウラ、ウニのトゲなどいろいろな生物のカラが見つかるよ。

❸ ビーチに行く時には、サングラス、帽子《ぼうし》、日焼け止め、そして飲み物を忘《わす》れないようにしよう。

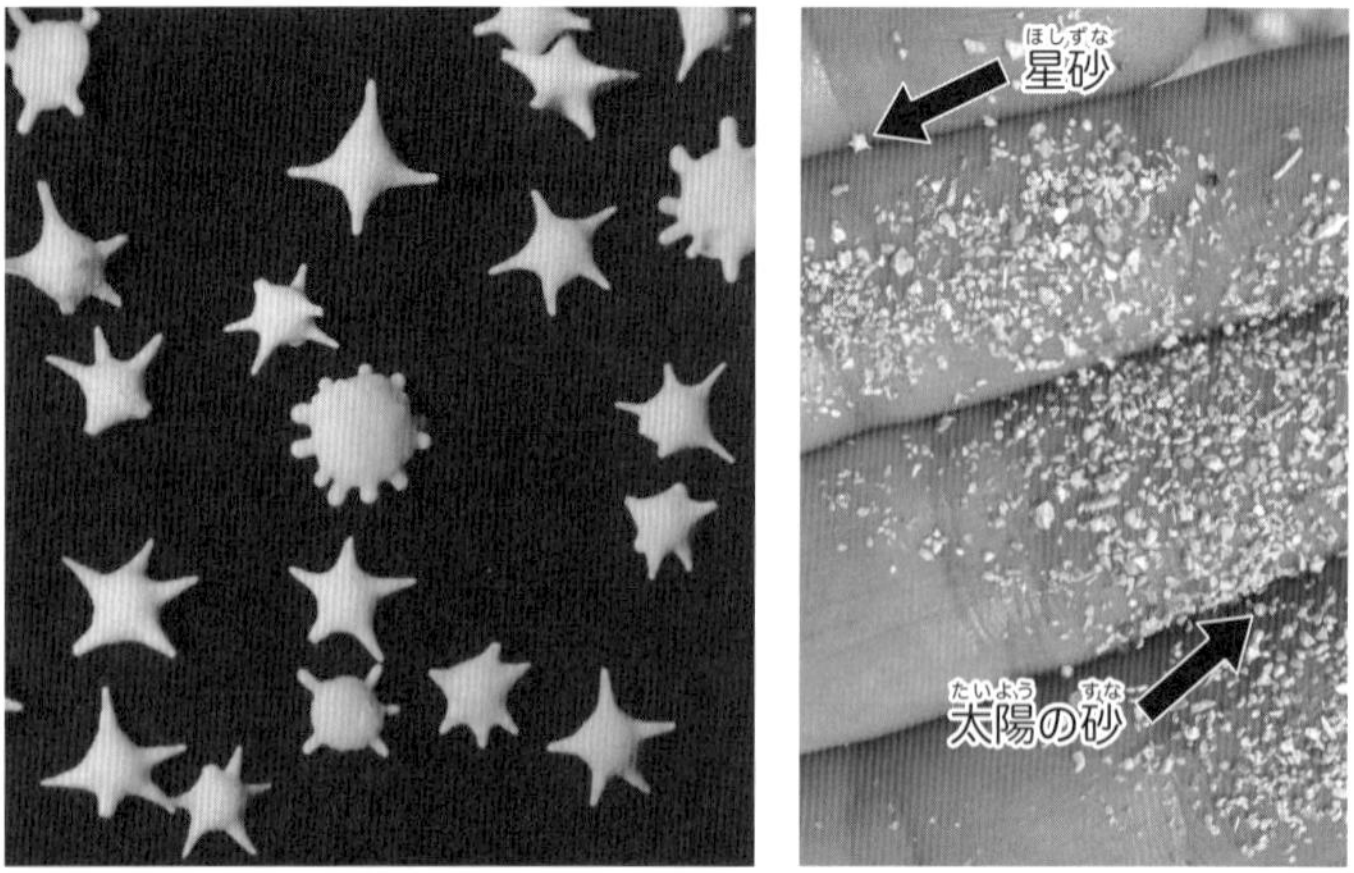

▲星砂《ほしずな》と太陽《たいよう》の砂《すな》（左）。ぼくもビーチで１個《こ》、星砂《ほしずな》を発見した（右）。

ぞれ一匹《ぴき》の「バキュロジプシナ」のカラなのである。バキュロジプシナ❶は南の海の動物だ。角の先から糸のように細い足を出して海藻《かいそう》やサンゴ礁《しょう》の岩にくっついている。寿命《じゅみょう》がつきると「炭《たん》酸《さん》カルシウム」❷の星形のカラだけがのこされる。これが砂浜《すなはま》にうちあげられると星砂《ほしずな》となるのである。

また、太陽《たいよう》の砂《すな》というものもある。こちらは「カルカリナ」という動物のカラで、太陽が輝《かがや》いている絵のような形をしている。こちらも炭酸《たんさん》カルシウムでできている。

沖縄のビーチにいったら、虫メガネで星砂《ほしずな》や太陽《たいよう》の砂《すな》をさがしてみよう。

【星砂《ほしずな》発見！】

ぼくは、虫メガネを使って、手のひらについた砂《すな》粒《つぶ》を観察してみた。星砂《ほしずな》は見つからなかったので、砂《すな》だらけの手の写真を撮《と》っておいた。ホテルに帰ってその写真をコンピュータで大きくして見ると、なんと星砂《ほしずな》が1個《こ》うつっていたのだ！　ぼくの発見した星砂《ほしずな》第1号である。同じ写真から太陽《たいよう》の砂《すな》らしきものも1個《こ》発見した。❸沖縄島で星砂《ほしずな》を見つけるのはなかなかたいへんだが、沖縄県の竹富島《たけとみじま》や西表島《いりおもてじま》のビーチには、砂《すな》のほとんどが星砂《ほしずな》というところがあるそうだ。❹

生きている星砂《ほしずな》や太陽《たいよう》の砂《すな》、つまりバキュロジプシナやカルカリナは見つけやすい。サンゴ礁《しょう》にある海水の池の中で観察できることがある。次のページで、ぼくの撮《と》った深さ10センチメートルの池の底の水中写真をお見せしよう。

では、星砂《ほしずな》のもとであるバキュロジプシナのすむサンゴ礁《しょう》を見てみよう。顔をあげて目の前に広がる海を見ると、そこがサンゴ礁《しょう》だ。

❶ バキュロジプシナとは「有孔虫《ゆうこうちゅう》」の一種である。虫と名前はついていても昆《こん》虫《ちゅう》ではない。和名はホシズナ。

❷ 化学式は$CaCO_3$。この先、炭酸《たんさん》カルシウムという言葉がよくでてくるよ。

❸ 場所は沖縄県南城《なんじょう》市の奥武島《おうじま》。安くておいしいてんぷらの店が何軒《なんけん》もある。おやつがわりにてんぷらを買って、外で食べるのはとても楽しい。

❹ ビーチによっては砂《すな》の持ち出しが禁止《きんし》されているので、気をつけよう。

▲生きている星砂《ほしずな》。どのあたりにいるか、さがしてみよう。

【ライトブルーの海の下はサンゴ礁《しょう》】 沖縄の海は青くてきれいだ。でも、よく見ると、「青い」といっても、その色あいには2種類あることがわかる。ビーチ近くの海はグリーンがかったライトブルーだ。ところが、波立っているところを境目《さかいめ》にして、その沖合《おきあい》の海の色は濃《こ》い青色なのである。❶

濃《こ》い青色の部分は深い海である。では、ライトブルーの淡《あわ》い色の部分はというと……サンゴ礁《しょう》がその下にあるのだ。

サンゴ礁《しょう》は浅いところにあって、しかも白っぽい。サンゴ礁《しょう》の白い色と水の色とが重なって美しい海の色ができあがる。❷

【サンゴ礁《しょう》と石灰岩《せっかいがん》】 サンゴ礁《しょう》は、サンゴと

▲サンゴ礁《しょう》の海。沖《おき》に行くにつれて海の色がかわる。

いう動物によってつくられる。サンゴは、動物ではあるけれど、食べ物をさがして歩きまわったりはしない。じっと海の底にくっついて、くらしているのである。サンゴは、イソギンチャクのような動物で、とても体がやわらかい。だから、サンゴは、自分の身を守るためにかたいカラをつくり、その中でくらすのである。このカラは炭酸《たんさん》カルシウムでできている。

サンゴは1匹《ぴき》だけでくらすのではなく、たくさんのサンゴが

❶ 本部町《もとぶちょう》から水納島《みんなしま》に行くフェリーに乗ると、海の色のちがいがよくわかる。水納島《みんなしま》のビーチはたいへん魅力《みりょくてき》的で、海遊びの場所としてもすばらしい。

❷ 生きているサンゴは褐色《かっしょく》だが、サンゴからできた砂《すな》は白っぽい。というわけで、サンゴ礁《しょう》は全体としては白っぽい。サンゴ自体が白くなることもあるが、これは「サンゴの白化《はっか》」と言って、じつは大問題なのである。

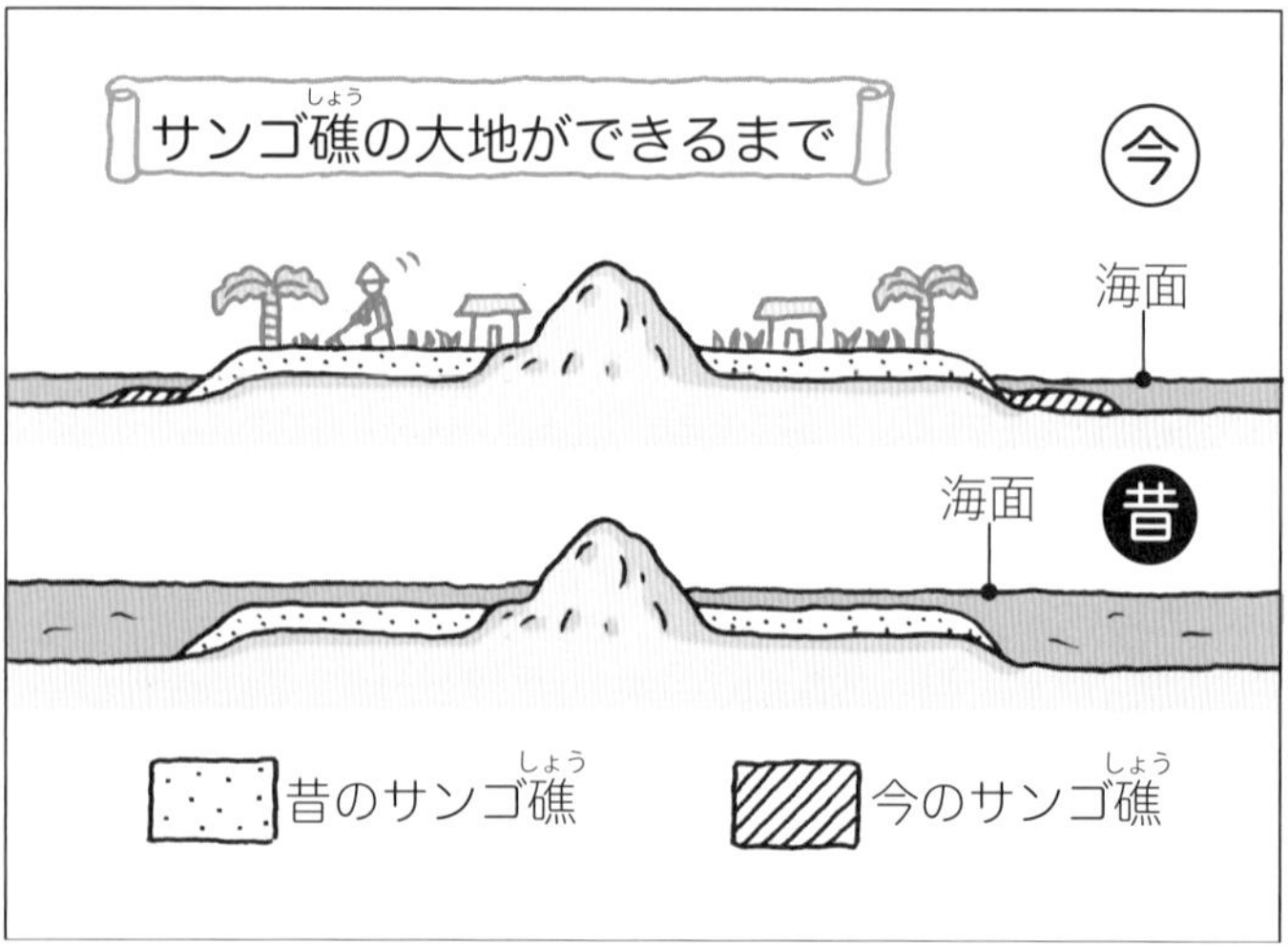

▲サンゴ礁《しょう》は長い年月をかけて少しずつ広がり、もりあがる。

集まった「群体《ぐんたい》」をつくる。1匹《ぴき》1匹《ぴき》がカラを持っているので、群体《ぐんたい》は大きなかたいかたまりになる。群体《ぐんたい》の形は、枝《えだ》のようだったり、テーブルのようだったり、あるいは岩のようだったりとさまざまである。このようなサンゴが集まってできた地形が、サンゴ礁《しょう》なのである。

サンゴの寿命《じゅみょう》がつきると、残されたカラの表面にさらに別のサンゴがくらしはじめる。浅い海で、上につみかさなっていくことはできないので、サンゴ礁《しょう》は沖《おき》にむかってどんどん大きくなる。❶

サンゴのカラのかたまりは、やがてたいへんかたくなり、石になる。それは炭酸《たんさん》カルシウムのかたまりで「石灰岩《せっかいがん》」とよばれる石だ。もちろん、その中にはサンゴ礁《しょう》にすむ別の生物（星砂《ほしずな》や貝類やウニなど）の炭酸《たんさん》カルシウムのカラもまざっている。つまり、サンゴ礁《しょう》は巨大《きょだい》な石灰岩《せっかいがん》のかたまりなのである。❷

【サンゴ礁《しょう》の大地でサイクリング】　ここ沖縄島《おきなわじま》やまわりの島々には、サンゴ礁《しょう》、つまり石灰岩《せっかいがん》でできた大地がある。サンゴ礁《しょう》は海面すれすれに平らに広がっていく。それが長い年月をかけてもりあがると、石灰岩《せっかいがん》でできた平らな土地ができあがる。

サンゴ礁《しょう》の大地がもりあがる速さは、平均《へいきん》すると1年あたり1ミリメートルかそれ以下とゆっくりである。最高記録は喜界島《きかいじま》（鹿児島県）の年間約2ミリメートル。1年あたり○△ミリメートルといっても、いつももりあがり続けているわけではなく、数千年に一度まとめてもりあがるのである。なお、このような平らな土地をつくる石灰岩《せっかいがん》は、石材としても使われていて、那覇《なは》空港のビルや首里《しゅり》城《じょう》の城壁《じょうへき》で見るこ

❶ サンゴ礁《しょう》は水温18℃～30℃の浅くて透明《とうめい》な海にしかできない。サンゴの体内には、光合成《こうごうせい》をおこなう褐虫藻《かっちゅうそう》がいて、光が届《とど》く海でないと、褐虫藻《かっちゅうそう》は光合成ができない。サンゴは褐虫藻《かっちゅうそう》からの栄養が必要なので、澄《す》んだ浅い海にしかすめないのだ。また、褐虫藻《かっちゅうそう》から得るエネルギーで炭酸《たんさん》カルシウムのカラをつくっているらしい。

❷ サンゴ礁《しょう》のことをくわしく知りたいなら、本川達雄《もとかわたつお》著《ちょ》『サンゴとサンゴ礁《しょう》のはなし　南の海のふしぎな生態系《せいたいけい》』（中公《ちゅうこう》新書）がおすすめ。科学の楽しさもよくわかるよ。

▲サンゴ礁《しょう》の島・伊江島《いえじま》。まん中にそびえるのが城山《グスクやま》。

とができる。

ところで、日本にはさまざまなおいしい牛肉がある。ぼくは、伊江牛《いえぎゅう》というブランドの牛肉が気に入っている。その伊江牛《いえぎゅう》の産地は伊江島《いえじま》。沖縄《おきなわ》島《じま》にある沖縄美《おきなわちゅ》ら海《うみ》水族館❶の沖合《おきあい》にある小さな島だ。

美《ちゅ》ら海《うみ》水族館からながめる伊江島《いえじま》は、まるでディズニーの世界の一部のように見える。島の中心部にそびえる城山《グスクやま》という岩山が、東京ディズニーランドのシンデレラ城《じょう》や、ディズニーシーのプロメテウス火山❷とよく似《に》た感じだ。城山《グスクやま》は、ほとんど平らな島のまん中にそびえていて、島のシンボルになっている。

伊江島《いえじま》❸はほとんど平らだ。まん中にある城山《グスクやま》

▲上空から見た伊江島《いえしま》。ほぼ平らな石灰岩《せっかいがん》の大地に畑や家々が広がる。

をのぞくと、でこぼこがあまりない。その平らな土地には、サトウキビ畑やお花畑が広がる。ここが昔のサンゴ礁《しょう》。城山《グスクやま》のまわりにサンゴ礁《しょう》ができ、もりあがって伊江島《いえじま》の大地ができたのである。よく見ると、伊江島《いえじま》の大地には、おひな様を乗せる台のようないくつかの段《だん》がある。一番高い段《だん》は30～40メートルあり、12万年前のサンゴ礁《しょう》でできた大地と考えられている。

伊江島《いえじま》は、ほとんど平らな

❶ 美《ちゅ》ら海《うみ》水族館は沖縄の超人気《ちょうにんき》スポットだ。ぼくも遊びに行くよ。
❷ 東京ディズニーシーのプロメテウス火山について、静岡大学の小山真人《こやままさと》教授《きょうじゅ》といっしょに地質調査《ちしつちょうさ》をしたことがある。夢《ゆめ》の国の火山なのだが、火山学者が見ても本物そっくりであり、すごくおもしろい。「プロメテウス火山、地質《ちしつ》、小山《こやま》、林《はやし》」でインターネットを検索《けんさく》すると資料《しりょう》が見つかるよ。
❸ 伊江島《いえじま》には、本部《もとぶ》半島からフェリーが出ている。

のでサイクリングにぴったりだ。城山《グスクやま》のほか、崖《がけ》から湧《わ》き水《みず》のでる湧出《ワジー》、テッポウユリで有名なリリーフィールド公園など、いろいろな見どころがある。北岸のサンゴ礁《しょう》での磯《いそ》遊びや南岸でのビーチ遊び。どこでも自転車で行けるのが、この島の楽しいところなのである。❶

【石灰岩《せっかいがん》と洞《どう》くつ】

石灰岩《せっかいがん》には、水にとけやすいという性質《せいしつ》がある。石灰岩《せっかいがん》は、ふつうの岩石とちがって、雨水によって少しずつとかされる。❷石灰岩《せっかいがん》の大地は、長い年月をかけてとけていき、地下には洞《どう》くつが、地面にはデコボコの地形❸ができあがる。これを「カルスト地形」という。

ぼくは大学生のころ、「探検部《たんけんぶ》」というサークルにいた。洞《どう》くつは探検《たんけん》する場所として最高だ。ヘッドランプ付きのヘルメットをつけて洞《どう》くつに入るのだが、いつもとはちがうまっ暗な世界に入っていくのは、緊張《きんちょう》するけれども楽しいことなのである。もちろん、洞《どう》くつの中は、危険《きけん》がいっぱいだ。洞《どう》くつの入り口が崖《がけ》の上だったり、とても狭《せま》いと

❶ 城山《グスクやま》にはぜひ登ってほしい。急な階段《かいだん》を10分ほど登ると頂上《ちょうじょう》にたどりつく。抜群《ばつぐん》のながめだ。また、ゴールデンウィークにはリリーフィールド公園で「伊江島《いえじま》ゆり祭り」があり、みごとなユリが見られる。ただ、その時期はフェリーも宿も混《こ》む。

❷ 二酸化炭素《にさんかたんそ》がとけこんだ水が石灰岩《せっかいがん》をとかす。

❸ 地面にできるデコボコの地形には、「ドリーネ」とか「ウバーレ」とか「ポリエ」とか、なんだかおもしろい名前がつけられている。

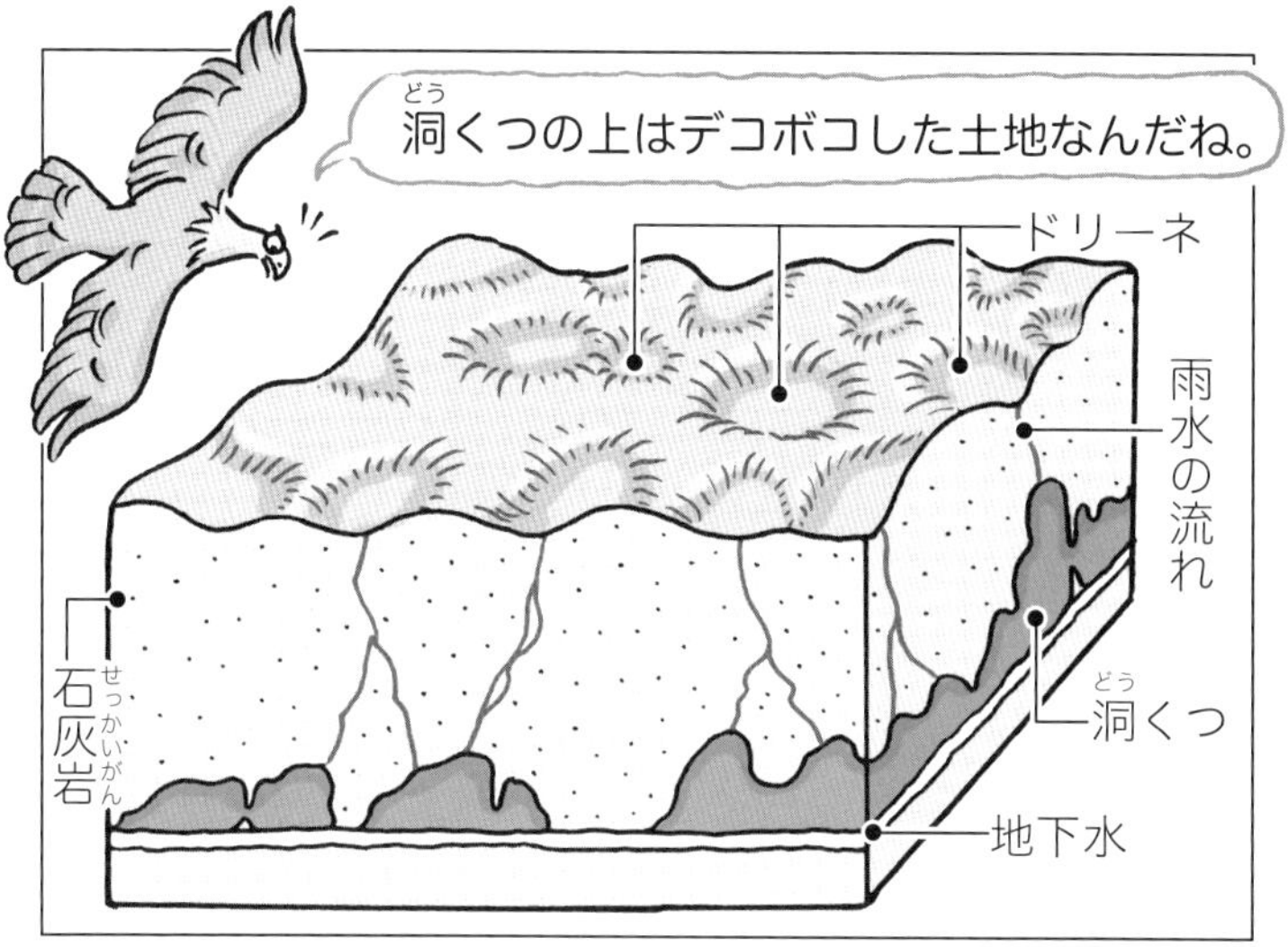

▲カルスト地形。石灰岩《せっかいがん》の大地が水でとけてデコボコな地形になる。

ころがあったり、苦労した思い出がたくさんある。ぼくたちは、ある石灰岩《せっかいがん》の洞《どう》くつの奥《おく》にさらに小さな洞《どう》くつを見つけた。そこはそれまで誰《だれ》も人が来たことのない場所だったのだ。洞《どう》くつにはコウモリがすんでいる。コウモリは命がつきると洞《どう》くつの床《ゆか》に落ちる。そしてそのうち骨《ほね》になる。ぼくが見つけたのは、そんなコウモリの骨《ほね》で厚《あつ》く埋《う》めつくされた場所だったのだ。コウモリの骨《ほね》はこわれていなかったので、誰《だれ》もそこに入ったことがないことがわかった。このように洞《どう》くつを探検《たんけん》することをケイビングという。本格的《ほんかくてき》なケイビングをするためには十分な訓練が必要だ。まっ暗な洞《どう》くつの中に、落《お》とし穴《あな》のような洞《どう》くつがあらわれたりするので、初心者だけで入るのは極《きわ》めて危険《きけん》である。

【ニャティヤ洞《ガマ》】

伊江島《いえじま》は不思議なところだ。川がないのだ。伊江《いえ》島《じま》にも、もちろん雨はたくさん降《ふ》る。さきほどお話ししたように、伊《い》江島《えじま》はサンゴがつくったスカスカの石灰岩《せっかいがん》でできている。地下にしみこんだ雨水は石灰岩《せっかいがん》をとかし、洞《どう》くつをつくる。だから、伊江島《いえじま》の地下にはおそらく洞《どう》くつがたくさんある。水のほとんどは、地面を流れずに、地下を流れてしまう。このようなわけで、伊江島《いえじま》には川がない。

水がないと作物は育たない。だから、伊江島《いえじま》の人たちは、「湧出《ワジー》」の湧《わ》き水《みず》をくみあげたり、ため池をつくったり、地下にダムをつくったり、沖縄島《おきなわじま》から送水管で水を送ったりするなど、さまざまな方法で苦労しながら水を手に入れてきた。❶

伊江島《いえじま》には、ニャティヤ洞《ガマ》という石灰岩《せっかいがん》の洞《どう》くつがある。ただし、この洞《どう》くつは、石灰岩《せっかいがん》が水でとかされることと、波の力によってけず

❶ 島の土台（水を通しにくいチャートという石などでできている）まで届《とど》く地下ダムをつくり、地下水の流れをせき止め、地下に水をためる。こうした地下ダムからくみ上げた水をためておくタンクを、伊江島《いえじま》のあちらこちらで見ることができる。

❷ ニャティヤ洞《ガマ》は第二次世界大戦では防空壕《ぼうくうごう》として使用された。千人洞《せんにんガマ》とよばれるほど広いのである。伊江島《いえじま》には戦争のあとが今でも残されている。伊江島《いえじま》を訪《おとず》れたら、ぜひ戦争と平和についても考えてほしい。

▲ニャティヤ洞《ガマ》。石灰岩《せっかいがん》が水にとけたり、波でけずられたりしてできた。

られることの両方の作用でできたらしい。できかたは少し複雑《ふくざつ》だけれど、ここからは水にとかされてできた洞《どう》くつで見られる鐘乳石《しょうにゅうせき》も発見されている。鐘乳石《しょうにゅうせき》とは、洞《どう》くつの天井《てんじょう》からしたたり落ちる、炭酸《たんさん》カルシウムをふくんだ水によってできるつらら状《じょう》の石である。

道ぞいに駐車場《ちゅうしゃじょう》があり、そこから少し階段《かいだん》を下ると洞《どう》くつの入り口がある。この洞《どう》くつは、ふつうの家の50部屋分くらいの広さがある。海面から2メートルくらいのところが洞《どう》くつの床《ゆか》になっていて、白い砂《すな》がある。台風などの時をのぞいて水は入ってこない。駐車場《ちゅうしゃじょう》からの出入り口のほかに4ケ所の出入り口があり、外に出るとそこはすぐに海になっている。*❷

*ニャティヤ洞《ガマ》については、小元久仁夫《おもとくにお》・日本大学名誉《めいよ》教授《きょうじゅ》の論文《ろんぶん》を参考にした。

では、石灰岩《せっかいがん》の洞《どう》くつをもっと地下深くまで探検《たんけん》することのできる場所を紹介《しょうかい》しよう。それはＭｉｎｅ《みね》秋吉台《あきよしだい》ジオパーク（山口県）の景清穴《かげきよあな》という洞《どう》くつである。この洞《どう》くつには、１２００メートルも奥《おく》まで入っていくことができる。地底の世界をたっぷりと体験できるのだ。

【景清穴《かげきよあな》の奥《おく》――光のない世界】

そこは完全な暗やみだった。目の前で手を動かしてみてもまったく見えない。近くに岩があることは、さわってみるとわかるのだが、その岩も目には見えない。ポタポタとあちらこちらから水がしたたり落ちる音がする。遠くでは、地下の川が流れる、かすかな「ゴーッ」という音。その時ぼくはひとりでそこにいたのだが、落ちつかないような、そしてほんの少しこわいような感じがした。

そこは景清穴《かげきよあな》の探検《たんけん》コースの一番奥《おく》である。ぜひ、みなさんもそこに行って、そして持っているライトをすべて消してみてほしい。ふだんの生活では味わえない、地の底の完全な暗やみを体験できる。こんな「どきどき」を体験してみると、探検家《たんけんか》の気持ちがわかると思う。❶

❶ 景清穴《かげきよあな》の床《ゆか》には岩がゴロゴロしているけれど、大きな穴《あな》はないので、それほどの危険《きけん》はない。でも、ケガをしないように気をつけて歩こう。また、水の多い時期だと服はかなりぬれるかも。探検《たんけん》コース入場料を入り口で払《はら》い、長靴《ながぐつ》、ヘルメット、ライトなどを借りよう。秋吉台《あきよしだい》には洞《どう》くつが450以上もある。鍾乳石《しょうにゅうせき》の造形《ぞうけい》を見るならば、秋芳洞《あきよしどう》がおすすめ。

▲景清穴《かげきよあな》。1200mも奥《おく》まで入ることができ、地底をたっぷり体験できる。

【江戸《えど》時代の落書きとナウマンゾウ】

それでは景清穴《かげきよあな》を入り口から紹介《しょうかい》しよう。はじめの800メートルはふつうの旅行者が気軽に入ることのできる「観光洞《どう》くつ」。入り口からしばらくは、バス2台が並《なら》んで走ることができそうな広さである。整備《せいび》された道を歩いていくと、鍾乳石《しょうにゅうせき》が見えてくる。しばらく歩いていくうちに、だんだん天井《てんじょう》が低くなってくる。いよいよ観光洞《どう》くつも終点。ここからは探検《たんけん》コースだ。この先に照明は一つもない。手に持っているライトだけがたよりだ。

探検《たんけん》コースの400メートルは、灯《あか》りが一つもなくまっ暗だ。しかも、自然そのままに岩だらけである。長靴《ながぐつ》をはいて地下の浅い川を歩いていくことになるが、水の多い日には一番奥《おく》までたどりつけないこともある。天井《てんじょう》の低いところは、おとなのぼくにとって、歩くのがとてもたいへんだ。小さな子どもなら楽に歩けるだろう。

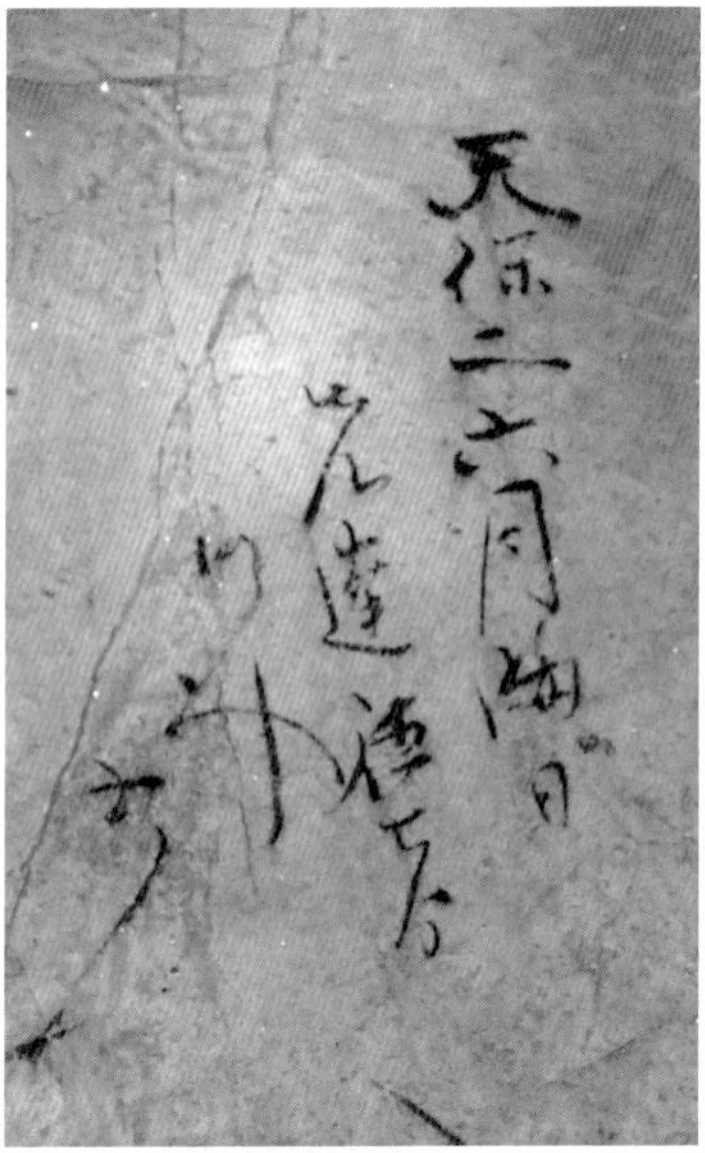
▲江戸《えど》時代の壁書《へきしょ》の一つ。

　高いところをライトで照らしてみると、だれかの落書きがあった。この大事な洞《どう》くつに落書きをするなんて困《こま》った人もいたものだ、と思ってよく見ると……そこには「天保《てんぽう》二六月」と書いてある。

　調べてみると、天保《てんぽう》とは江戸《えど》時代の年号で、天保《てんぽう》二年は今から１８０年ほど前の年なのである。その字は、江戸《えど》時代のものらしく筆で書かれている。このような書きこみは「壁《へき》書《しょ》」とよばれている。雨が降《ふ》らずに苦しんだ人々が、祈《いの》りに来た時に書き残したものだそうである。❶

▲ナウマンゾウの歯の化石。景清穴《かげきよあな》の土砂《どしゃ》の中から発見された。

今度は洞《どう》くつの床《ゆか》を見てみよう。たくさんの石や土砂《どしゃ》で埋《う》まっている。この土砂《どしゃ》の中から、ナウマンゾウの化石❷が発見されたことがある。ナウマンゾウは、明治《めいじ》時代に日本に滞在《たいざい》したドイツ人地質《ちしつ》学者、ナウマンにちなんで名前がつけられた。景清穴《かげきよあな》で見つかったナウマンゾウの化石の時代はよくはわかっていない。もちろん、それは江戸《えど》時代よりもずっと古いものだ。ナウマンゾウが日本にいたの

❶ もっと古い 350 年ほど前の字も見つかっている。壁書《へきしょ》の中で一番わかりやすいのは、探検《たんけん》コース入り口の看板《かんばん》の右上にある「文久《ぶんきゅう》」（1861 ～ 1864 年）の文字だ。壁《かべ》の高いところをライトで照らすと、同じような壁書《へきしょ》が何十カ所も見つかる。落書きははずかしいことなので、決してしないように。

❷ 秋吉台《あきよしだい》科学博物館の石田麻里《いしだまり》博士が発見した。

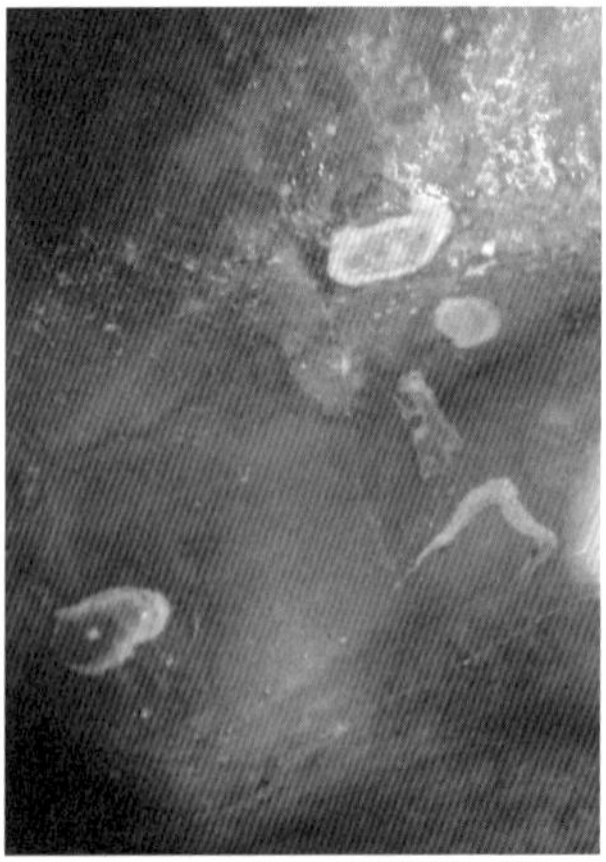

▲サンゴの化石。景清穴《かげきよあな》の壁《かべ》をよく観察すると見つかる。

は30万年前から2万年前なのである。

【3億3000万年前のサンゴ礁《しょう》散歩】　さらに奥《おく》に入って、洞《どう》くつの壁《かべ》をつくっている白い石灰岩《せっかいがん》をライトで照らしてみよう。見えるかな？　化石が。ここにはサンゴやウミユリなどの化石があるのだ。

じつはこの石灰岩《せっかいがん》は、およそ3億3000万年前のサンゴ礁《しょう》なのである。その中の化石も3億3000万年前の生物たち。この洞《どう》くつを歩くということは、大昔のサンゴ礁《しょう》の中を歩いているということなのだ。3億3000万年前というと、恐竜《きょうりゅう》もまだあらわれていない、本当の大昔である。

じつは、景清穴《かげきよあな》のある秋吉台《あきよしだい》そのものが非常《ひじょう》に古いサンゴ礁《しょう》のかけら、つまり石灰岩《せっかいがん》なのである。その石灰岩《せっかいがん》は7500万年もかけてたまったものなのだ。

なお、秋吉台《あきよしだい》は日本最大のカルスト地形として有名である。たくさんのとがった白い岩が草原から顔を出している風景をぜひ楽しんでほしい。まるで、羊の群《む》れが草を食べてい

▲秋吉台《あきよしだい》のカルスト地形。石灰岩《せっかいがん》の台地が水でとけてできた独特《どくとく》の風景。

るように見えるのだ。

【プレートに乗ってやってきたサンゴ礁《しょう》】

Ｍｉｎｅ《みね》秋吉台《あきよしだい》ジオパークのある山口県は本州にある。どうしてこんなところに、南の島でできた石灰岩《せっかいがん》があるのだろう？

少しむずかしいが、説明してみよう。この東西15キロメートル、南北8キロメートルもある秋吉台《あきよしだい》という大きな石灰岩《せっかいがん》のかけらは、地球の表面をおおうプレートに乗ってやってきたのである。プレートはゆっくりと動いている。石灰岩《せっかいがん》はそのプレートに乗って、ベルトコンベアの上の荷物のように運ばれてきたのだ。これを「付加体《ふかたい》」という。わかりにくいので、次ページの実験で説明しよう。

かんたんジオ実験レシピ②

日本列島はどうやってできたか

おいしく実験してみよう！

用意するもの

- 純《じゅん》ココア
- 粉砂糖《こなざとう》
- クリープ
- アポロチョコ
- オーブンペーパー（表面のつるつるしたもの）
- 紙粘土《かみねんど》
- 茶こし
- 台所用ラップ
- ナイフ
- スプーン
- マグカップ

ココア
クリープ
アポロ
SUGAR

❶ 紙粘土《かみねんど》をラップで包む。（ラップの外に紙粘土《かみねんど》がつかないよう、紙粘土《かみねんど》を丸め終わったら手を洗《あら》おう。）

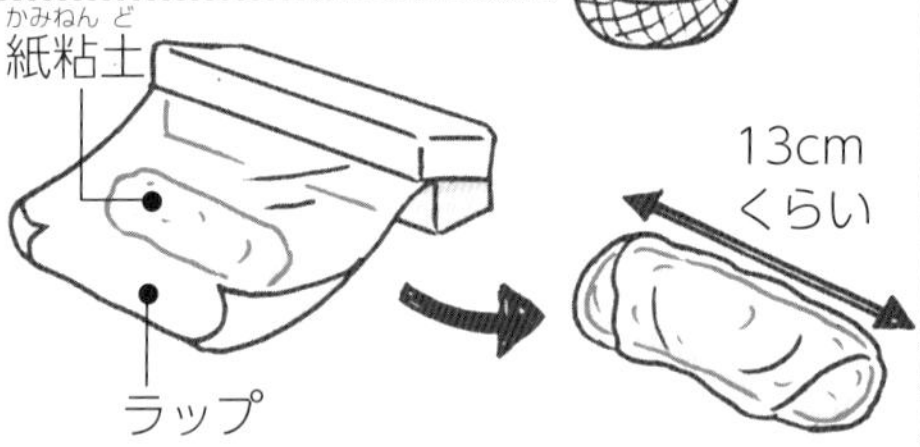

紙粘土《かみねんど》
ラップ
13cm
くらい

❷ 40cmほどにカットしたオーブンペーパーを、机《つくえ》の上に置き、紙粘土《かみねんど》をのせる。

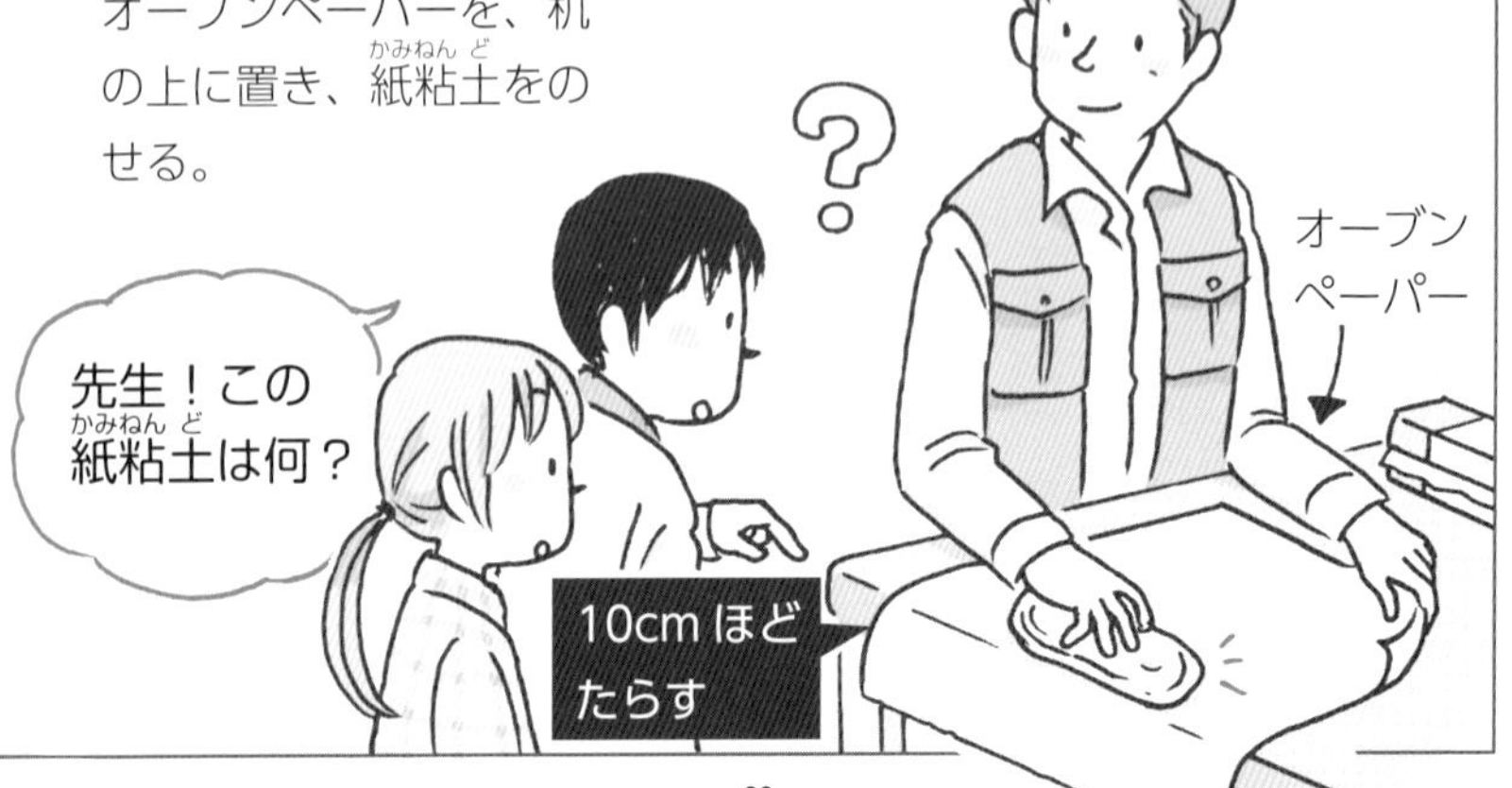

?
先生！この
紙粘土《かみねんど》は何？
10cmほど
たらす
オーブン
ペーパー

❸ オーブンペーパーの上にココアの層《そう》をつくる。茶こしでココアを落とし、2mmほどのうすい層《そう》をつくる。

❺ クリープを紙粘土《かみねんど》の近くにふりかける。

❹ ココアの層《そう》の上に、茶こしで粉砂糖《こなざとう》をふりかけ、2mm ほどのうすい層《そう》を作る。

❻ アポロチョコ(火山)を粉砂糖《こなざとう》の上にいくつかおく。

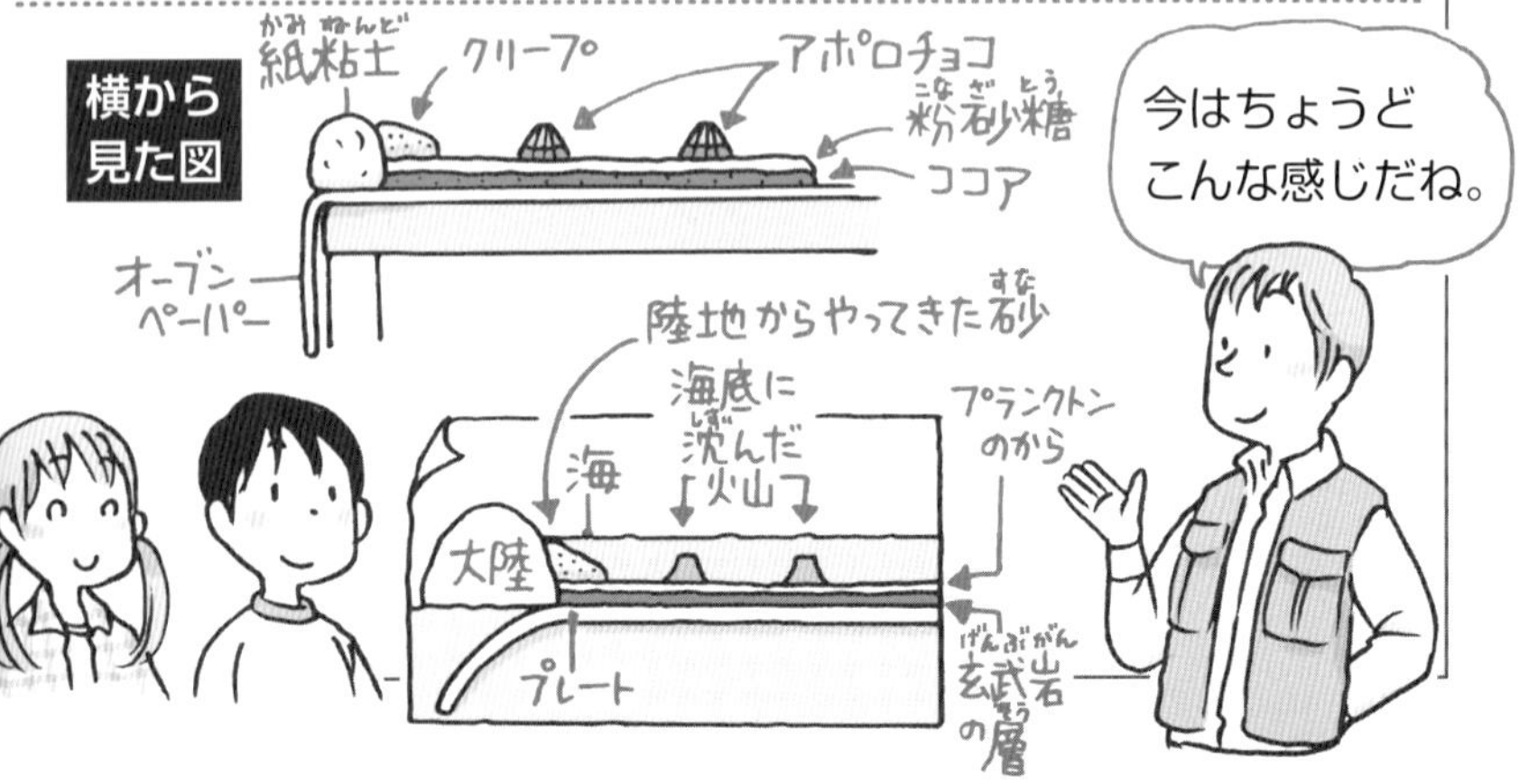

7 紙粘土《かみねんど》（＝大陸）を固定したまま、オーブンペーパーを引く。

8 紙粘土《かみねんど》（＝大陸）にどんどんココアや粉砂糖《こなざとう》がくっついていく。

9 ナイフで「付加体《ふかたい》」をカットして、中を観察する。

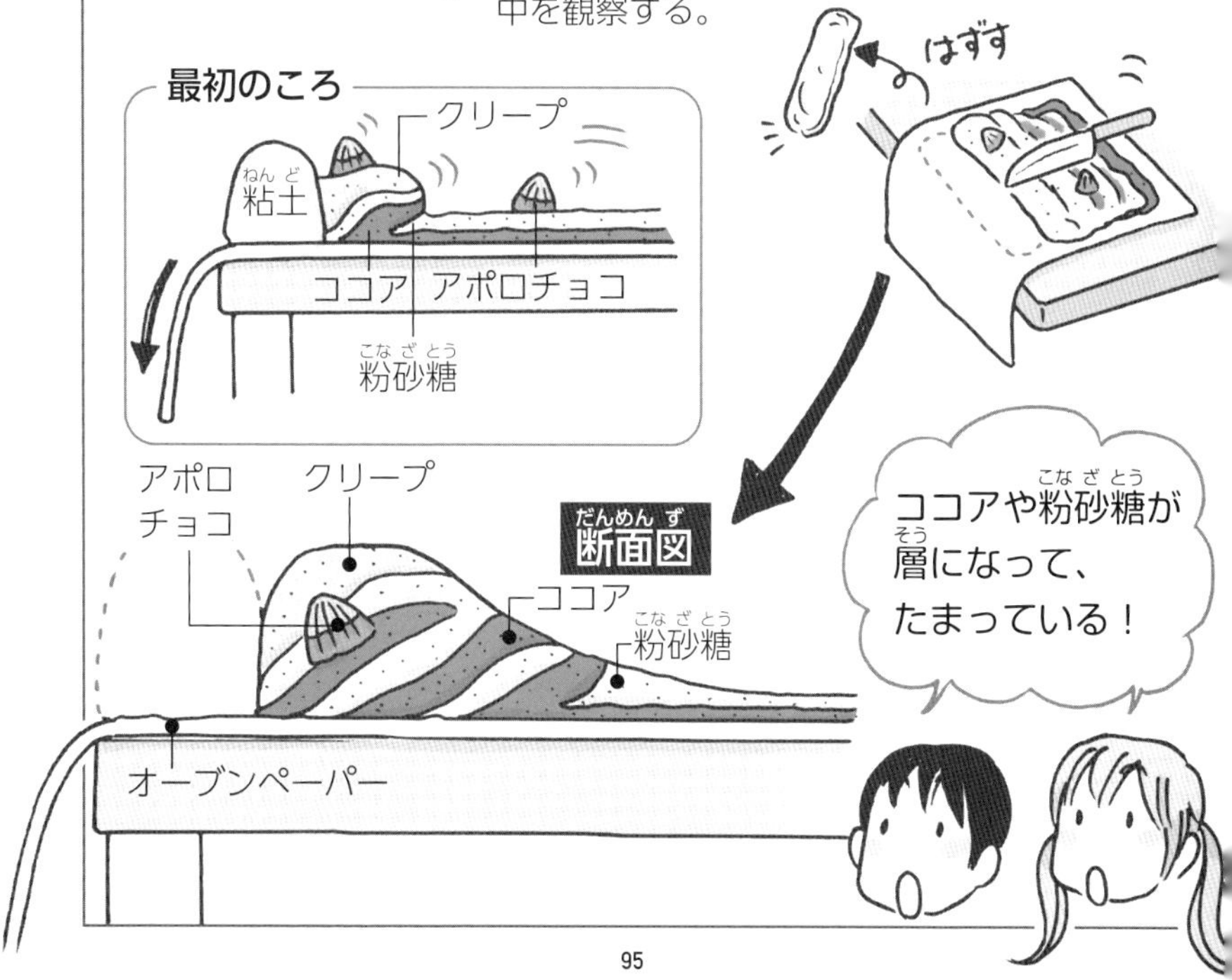

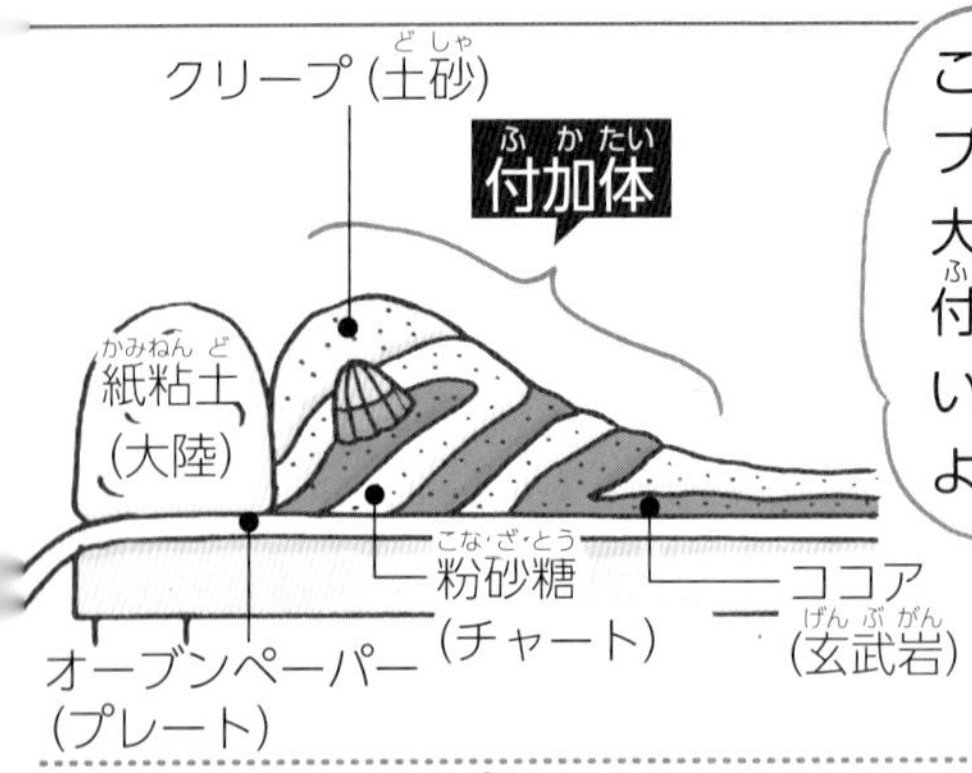

10 ココア・粉砂糖《こなざとう》・クリープをまとめてマグカップに入れてお湯を注ぎ、ココアをつくって後かたづけしよう。（アポロチョコはそのまま食べてしまおう）

実験で使ったアポロチョコの上のイチゴ味のチョコのところは、火山島の上にあるサンゴ礁《しょう》でできた石灰岩《せっかいがん》にあたる。このようなサンゴ礁《しょう》が日本列島にくっつくと、秋吉台《あきよしだい》のような石灰岩《せっかいがん》になる。秋吉台《あきよしだい》の石灰岩《せっかいがん》はもともと火山島にできたサンゴ礁《しょう》だったのだ。❶

【地層《ちそう》がくしゃくしゃになった付加体《ふかたい》】

また、粉砂糖《こなざとう》やココアの部分をナイフで切ってみよう。もともとあった地層《ちそう》がくしゃくしゃになっているのがわかると思う。しかも、はじめはココアと粉砂糖《こなざとう》の層《そう》が、1層《そう》ずつしかなかったのに、「付加体《ふかたい》」の部分では何層《なんそう》もつみ重なっているところもある。実際《じっさい》の付加体《ふかたい》でも、地層《ちそう》がくしゃくしゃになっていたり、何層《なんそう》も地層《ちそう》がつみ重なっていたりするのである。

ちなみに、この粉砂糖《こなざとう》の部分は、チャートというものすごくかたい石になる。この章のはじめのほうでてきた伊江島《いえじま》にある城山《グスクやま》はチャートでできている。❷

❶ 火山島が沈《しず》んでいくのは、その下のプレートが冷えて、海がだんだん深くなるからなのだけれど、なかなかわかりやすくは説明しにくいところである。

❷ ココアはプレートの一番上をつくっている「玄武岩《げんぶがん》」の一番浅い部分。

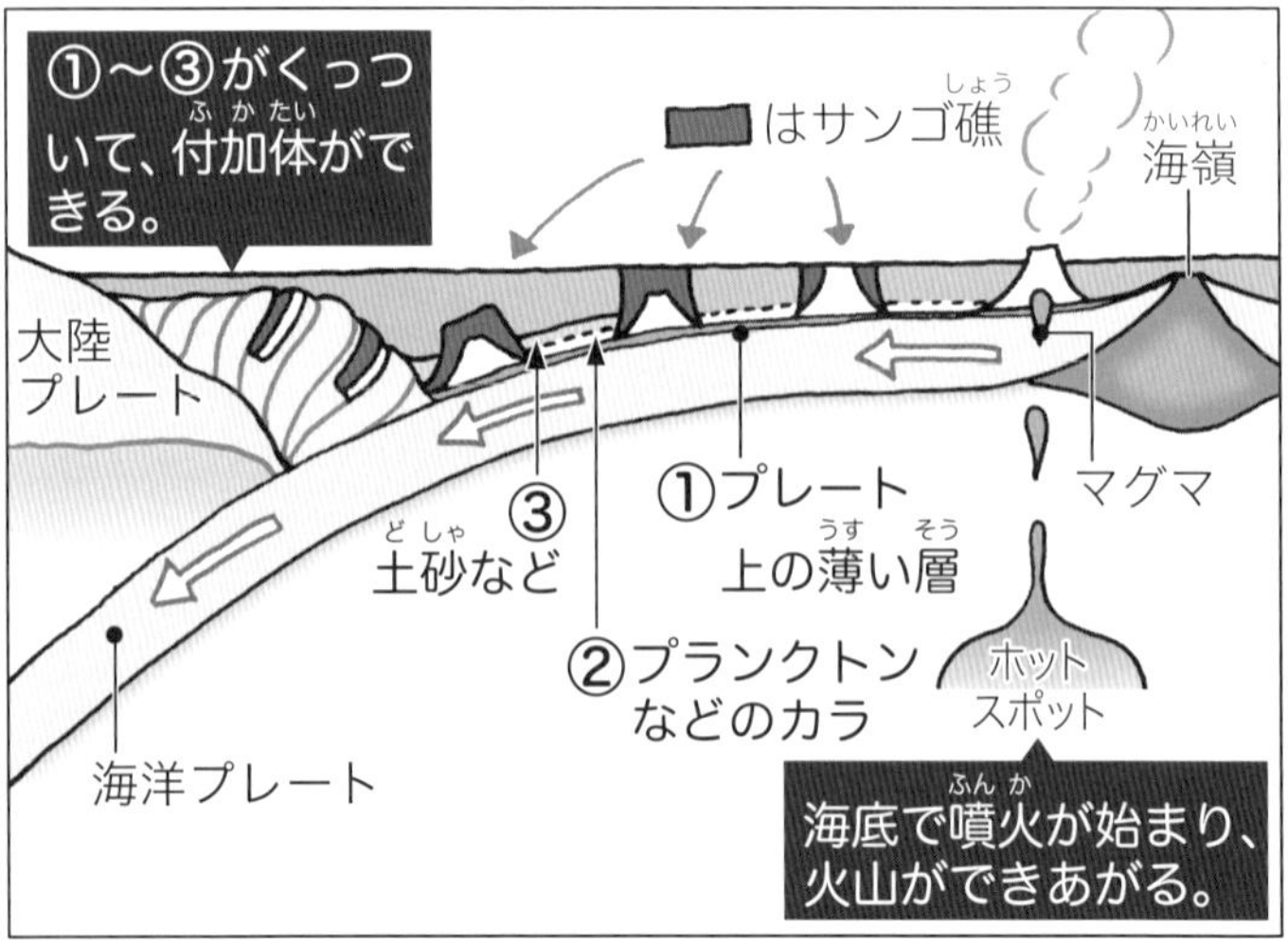

▲付加体《ふかたい》は、このようにプレートに乗ってやってきた。

この実験では、アポロチョコと粉砂糖《こなざとう》とココアがどんどん日本列島（のかわりの紙粘土《かみねんど》）にくっついてきた。日本列島のほとんどは、この実験のようにプレートの上のものが何億年もかけてくっついてきたものなのだ。ぼくたちのすむところがあるのも、プレートと付加体《ふかたい》のおかげなのである。

実験が終わったら、ココアと粉砂糖《こなざとう》とクリープをまぜあわせてお湯を入れてココアをつくろう。ぜひ、ココアを味わいながら、何億年もかけてできたこの日本の大地について想像《そうぞう》してみよう。

【地球のコーナーストーン、石灰岩《せっかいがん》！】

この石灰岩《せっかいがん》という石は、地球にとって特別

に大事な石である。石灰岩《せっかいがん》は炭酸《たんさん》カルシウムのかたまりだ。❶石灰岩《せっかいがん》はどこにでもある岩石なのだが、この中にはたくさんの二酸化炭素《にさんかたんそ》が入っている。その証拠《しょうこ》に、石灰岩《せっかいがん》に「塩酸《えんさん》」という薬品をかけると、ぶくぶくと二酸化炭素《にさんかたんそ》の泡《あわ》がでてくる。石灰岩《せっかいがん》の中にはたくさんの二《に》酸化炭素《さんかたんそ》がとじこめられているのだ。

地球には石灰岩《せっかいがん》がたくさんある。それは大量の二酸化炭素《にさんかたんそ》が石灰岩《せっかいがん》にとじこめられているということでもある。もし、この二酸化炭素《にさんかたんそ》がすべて大気中にでてきたとしたら、地球は猛烈《もうれつ》な熱さの惑星《わくせい》になってしまい、海はすべて蒸発《じょうはつ》してしまうだろう。地球にある石灰岩《せっかいがん》の中の二酸化炭素《にさんかたんそ》は、ものすごくたくさんある。それが大気にでてくると地球の気温は数百℃になってしまうのである。❷そうなると、人間は誰《だれ》もすめなくなる。もちろん、実際《じっさい》にはそんなことは起こりそうもないので安心してほしい。❸

長い地球の歴史のはじまりのころから、ずっと二酸化炭素《にさんかたんそ》が石灰岩《せっかいがん》

❶黒板に書くチョークは炭酸《たんさん》カルシウムでできていることが多い。また、消しゴムの中にも炭酸《たんさん》カルシウムが入っていることがある。

❷「二酸化炭素《にさんかたんそ》は温室効果《こうか》ガス」ということは聞いたことがあるかな？　地球温暖化《おんだんか》は、人類の出すわずかな二酸化炭素《にさんかたんそ》で、数℃、地球の平均《へいきん》気温が上がることである。それでもたいへんなことが起きる。

❸地球に石灰岩《せっかいがん》があるのは海ができたおかげ。

にとじこめられていたことは、生命やぼくたち人類が生まれるためにはどうしても必要だったことの一つである。石灰岩《せっかいがん》は、生命の星地球を支《ささ》える石だ。石灰岩《せっかいがん》は「地球のコーナーストーン」なのである。❶❷

❶ コーナーストーンは、英語で「土台」あるいは「基礎《きそ》」を意味する。ここでは、地球環境《かんきょう》を支《ささ》えていて、ぼくたちにとってなくてはならない石という意味で使っている。

❷ じつは太陽からの光はだんだん強くなってきており、10億年後には海が蒸発《じょうはつ》して、地球はたいへん熱い惑星《わくせい》になってしまうと予測《よそく》されている。このことは阿部《あべ》豊《ゆたか》著《ちょ》『生命の星の条件《じょうけん》を探《さぐ》る』（文藝春秋《ぶんげいしゅんじゅう》）にくわしいが、少しむずかしいかな。

◆もう一つのコーナーストーン、かこう岩

地球には、石灰岩《せっかいがん》のほかにも、他の太陽系《たいようけい》の惑星《わくせい》にはない石がある。それは、かこう岩である。かこう岩は、大陸の中身をつくっている。軽い石なのでマントルにプカプカ浮《う》いて、高まりをつくる。そのために大陸は、まわりの海底よりも高くなり、陸地になっているのだ。かこう岩は、ぼくたちがくらす陸地を支《ささ》える大事な石なのである。

かこう岩はビルの石材などに使われる白っぽい石だ。白い鉱物《こうぶつ》の間に黒雲母《くろうんも》などの黒い鉱物《こうぶつ》がまばらに入っている。この岩は地下深くで、マグマがゆっくりと冷えて固まることでできあがる。そのため大きな結晶《けっしょう》が集まってできた岩石となっている。

かこう岩は地球に特有の岩石である。地球以外の太陽系《たいようけい》の惑星《わくせい》にはほとんど水がない。ところが、かこう岩のもとになるマグマができるためには、水が必要なのである。

ある学者がこういうタイトルの論文《ろんぶん》を書いた。「水がなければ海がない、かこう岩もなければ大陸もない」。* ぼくたちがすんでいる大陸ができたのは海の水のおかげだというわけである。陸上にすむ動物は、大陸という広い陸地なしには発展《はってん》できなかっただろう。したがって、人類のような知的生命体が誕生《たんじょう》するために、大陸はなくてはならなかったのである。

かこう岩は大陸を支《ささ》える石である。かこう岩も生命の星地球を支《ささ》える、もう一つのコーナーストーンなのである。

【八峰白神《はっぽうしらかみ》ジオパークのかこう岩】 日本のほとんどのジオパークには、かこう岩がある。じつは、日本の陸地の約10パーセント（面積で）は、かこう岩で

*キャンベル博士とテイラー博士の1983年の論文《ろんぶん》。

▲八峰白神《はっぽうしらかみ》ジオパークのかこう岩ジオサイト。八峰白神《はっぽうしらかみ》ジオパークは秋田県八峰《はっぽう》町《ちょう》のジオパークなのだが、このジオサイトだけは、となりの青森県深浦町《ふかうらまち》にある。

できている。このように、かこう岩はあまりにもふつうの石なので、なかなかジオサイトにはならない。**八峰白神《はっぽうしらかみ》ジオパーク**（秋田県）にあるような、かこう岩ジオサイトはとてもめずらしい。

　秋田県の海岸ぞいを北に向かって車で走っていくと、目の前に、屏風《びょうぶ》のようにつらなった山脈が見えてくる。この山が世界自然遺産《いさん》の白神《しらかみ》山地である。白神《しらかみ》山地が海にはりだした美しい場所に、八峰白神《はっぽうしらかみ》ジオパークがある。

　海岸ぞいをさらに進むと、青森県との県境《けんきょう》にさしかかる。ここを少しこえたところの、深浦町《ふかうらまち》（青森県）の板貝《いたがい》海岸にかこう岩のジオサイトがある。道路や海岸の岩を見ながらやってくると、この辺で岩の色が白くなるのがわかる。これがかこう岩だ。

　海岸に出ると、ごつごつしたかこう岩の大きな岩がある。その間に波の力で丸くなった小さなかこう岩が見える。

かこう岩を手にとって見てみよう。全体に白いけれど、黒い粒《つぶ》が見えると思う。これは黒雲母《くろうんも》か角閃《かくせん》石《せき》。ほかには白い鉱物《こうぶつ》がたくさん入っている。これは「斜長石《しゃちょうせき》」。透明《とうめい》なのは「石英《せきえい》」。また、そのほかに「正長石《せいちょうせき》」というサーモンピンクの鉱物《こうぶつ》も入っている。

【かこう岩おにぎり】 かこう岩は、おにぎりのようにに見える。つまり、お米のように見える斜長石《しゃちょうせき》や石英《せきえい》があり、サーモンのような色をした正長石《せいちょうせき》があり、そこに黒ゴマのような黒雲母《くろうんも》が点々としている。

ぼくの授業《じゅぎょう》でかこう岩を観察したN《エヌ》さんという大学生は、「おいしそう！」とつぶやいた。たしかに、かこう岩は本当においしそうなのである。でも、かこう岩はかたくて食べられないので、かこう岩と良く似《に》たおにぎりをつくってみた。

写真は海岸で見つけた、「おにぎりそっくりのかこう岩」と、ぼくのつくった、「かこう岩そっくりのおにぎり」。ぜひ、「かこう岩おにぎり」を持ってかこう岩見学にでかけよう！　このおにぎり、かなりおいしいのでおすすめである。次のページでつくり方を紹介《しょうかい》するよ。

▲本物のかこう岩。

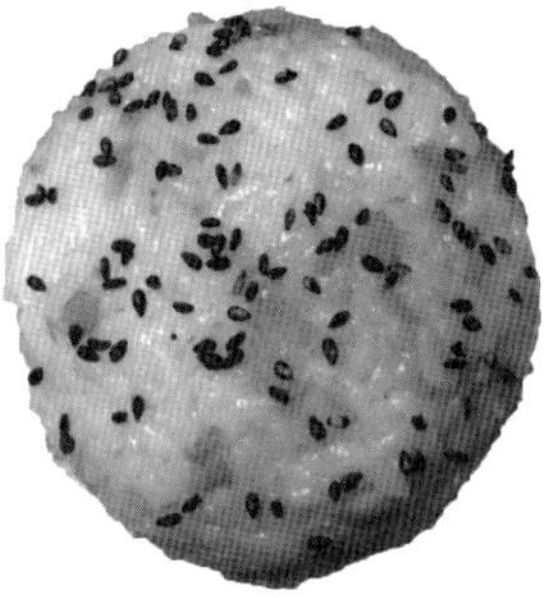

▲ぼくのつくったかこう岩おにぎり。

かんたんジオ実験レシピ③

かこう岩おにぎり をつくって出かけよう!

用意するもの

- ごはん
- サケの切り身
- 黒ゴマ
- 塩
- おにぎりを包むもの

1 温かいごはんに、サケの切り身を焼いてほぐしたものを入れてまぜる。

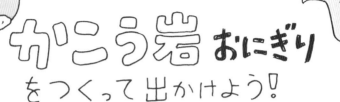

2 塩水を手につけて、
おにぎりをにぎる。

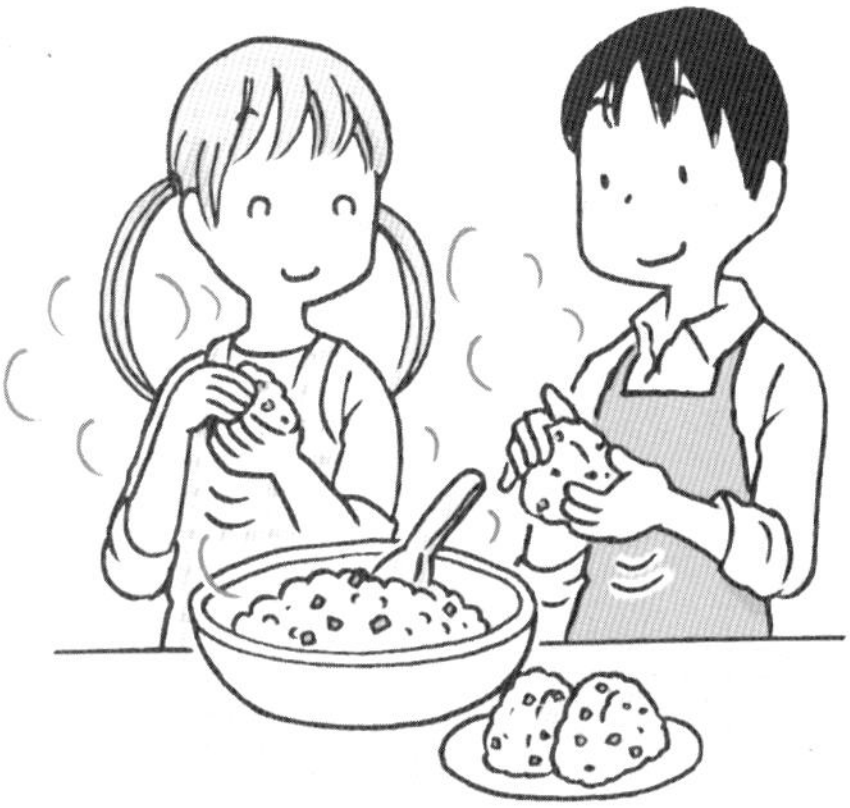

3 黒ゴマをまぶす。

4 かこう岩のある場所へ行って、
おにぎりを食べよう。

青森県 深浦町《ふかうらまち》の板貝《いたがい》海岸

◆宝石《ほうせき》と蛇紋岩《じゃもんがん》メランジュとキウイ

ヒスイという宝石《ほうせき》をみなさんは知っているかな？ ヒスイは、緑色で半分すきとおって見える、かたくてきめの細かい宝石《ほうせき》である。ダイヤモンドやサファイアとはちがって、きれいにすきとおっているわけではない。でも、落ちついた静かなおごそかさを感じさせる、そんな宝石《ほうせき》である。

ヒスイは古代の日本でもっとも価値《かち》のある宝石《ほうせき》だった。正倉院《しょうそういん》の宝物《ほうもつ》の中には、ヒスイでできた勾《まが》玉《たま》がある。三種の神器《じんぎ》の一つ、八尺瓊勾玉《やさかにのまがたま》もヒスイでできていると言われている（八尺瓊勾玉《やさかにのまがたま》を実際《じっさい》に見た人はいないけれど）。

また、さらに昔、縄文《じょうもん》時代から奈良《なら》時代にかけて4000年以上もの長い間えらい人のシンボルとして使われていたことが、三内丸山遺跡《さんないまるやまいせき》（青森県）などの発掘《はっくつ》からわかっている。ヒスイは世界でももっとも古くから使われていた宝石《ほうせき》の一つなのである。

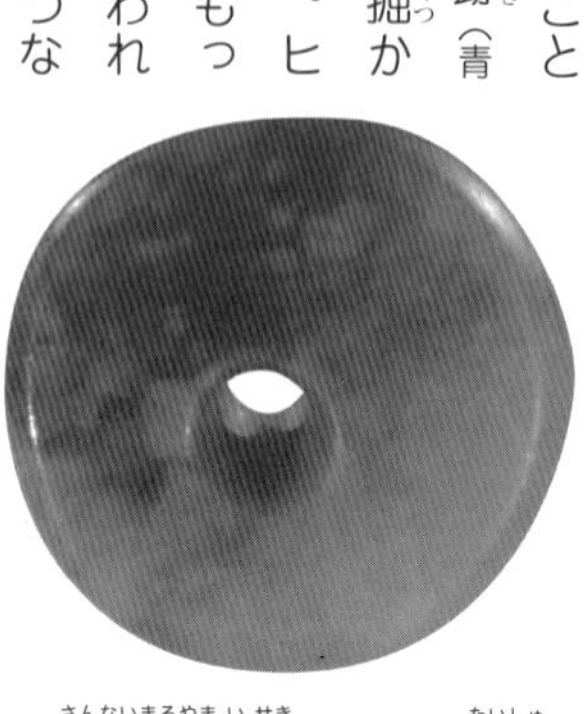

▲三内丸山遺跡《さんないまるやまいせき》のヒスイの大珠《たいしゅ》。

糸魚川《いといがわ》ジオパーク（新潟県）は、有名なヒスイの産地である。ヒスイは、ここからさまざまな土地に運ばれ、めずらしがられ大事にされていた。糸魚川《いといがわ》でとれたヒスイが、北は北海道から南は九州まで見つかるし、なかには朝鮮《ちょうせん》半島にわたったものさえあるのだ。

では、このヒスイを見学するために、糸魚川《いといがわ》ジオパークの小滝川《こたきがわ》ヒスイ峡《きょう》ジオサイトに行ってみよ

▲小滝川《こたきがわ》ヒスイ峡《きょう》。川のなかにゴロゴロしている岩がヒスイである。

う。ここは、新潟県の西のはし、糸魚《いとい》川《がわ》市の中心部から南南西に13キロメートル地点の、とても深い谷の中にある。❶

では、川の中の石を見てみよう。白くてかたい岩が見えると思う。大きな岩や小さな岩がたくさんあるね。じつはゴロゴロと転がっているこの石がヒスイなのである。近くに寄《よ》ってみるとその多くは白色でときどき緑色が入りまじっている。大きなものは100トンを超《こ》えるそうである。❷

このヒスイができたのは地下のたいへん深いところである。小滝川《こたきがわ》ヒスイ峡《きょう》ジオサイトのヒスイは「蛇紋岩《じゃもんがん》」という、この渓谷《けいこく》の岸をつくっている岩

❶ 糸魚川《いといがわ》ジオパークは、よく整備《せいび》されているので、とてもおすすめ。
❷ 小滝川《こたきがわ》ヒスイ峡《きょう》は天然記念物に指定されており、ヒスイの採集《さいしゅう》はできない。

石に運ばれてここまでやってきた。地下深くからのヒスイの旅について少しだけお話ししよう。

ヒスイが誕生《たんじょう》したのは、数十キロメートルもの深さのところである。しかも5億年も前のことである。

ここで、頭の中に思《おも》い浮《う》かべてほしいものがある。はじめにホイップした生クリーム。さらにそれに小さくカットしたいろいろなフルーツを入れてよく混《ま》ぜあわせたものを想像《そうぞう》してほしい。そして、それにはかならずキウイも入れてほしいのである。かなりおいしそうな感じがするよね。

このように、ごちゃごちゃにいろいろなものが入りまじったものをフランス語で「メランジュ」という。つまりこれは生クリームとフルーツのメランジュというわけである。

この「メランジュ」を、2枚《まい》のパンケーキの間から、上に向かってしぼり出してみよう。「メランジュ」はパンケーキにはさまれながら、にゅるにゅると上にあがっていくね。

では、説明しよう。生クリームは蛇紋岩《じゃもんがん》である(実際《じっさい》の蛇紋岩《じゃもんがん》は黒っぽいけどね)。中のキウイは緑色なのでヒスイのつもりである。また、ほかの色とりどりのフルーツは、蛇紋岩《じゃもんがん》に入っているいろいろな岩石である。パンケーキは第3章に出てきた「付加体《ふかたい》」の一部である。❶

蛇紋岩《じゃもんがん》は、マントルをつくるかんらん岩《がん》にプレートからしみ出した水がつけ加わってできあがる。❷この岩石は、まわりのかんらん岩よりも軽いので浮《う》き上《あ》がってきて、このジオサイトのあるあたりにしぼり出されてきたのだ。そして、深いところにあった岩石を巨大《きょだい》なかたまりとしてとりこんで地面まで運んできた。これを「蛇紋岩《じゃもんがん》メランジュ」という。

ここに「蛇紋岩《じゃもんがん》メランジュ」がたどりついたのは、

▲フォッサマグナミュージアムは石の博物館である。写真のヒスイの展示《てんじ》をはじめ、化石や鉱物《こうぶつ》、隕石《いんせき》などを見ることができる。

2億年前。ジュラ紀という恐竜《きょうりゅう》が生きていた時代だ。その後、水の力で山がけずられ、この谷が誕《たん》生《じょう》し、蛇紋岩《じゃもんがん》の中からヒスイが洗《あら》い出された。このように長い時間をかけた、地下からの旅によって、ヒスイがここにやってきたのだ。

また、糸魚川《いといがわ》ジオパークに行く時はかならずフォッサマグナミュージアムに行こう。ここに行くと、ヒスイのすばらしい標本をはじめ、さまざまな鉱物《こうぶつ》を見ることができる。また、日本列島を東西にわける、地下深くに埋《う》もれた大きな溝《みぞ》、フォッサマグナについても学ぶことができる。

❶ 実際《じっさい》の蛇紋岩《じゃもんがん》メランジュはもちろんはるかに大きい。大きさを数十万倍にして考えてもらうとだいたい良いと思う。

❷ 水がつけ加わるのは、マントルのような高温で高圧《こうあつ》のところである。かんらん岩に雨が降《ふ》っても、こんなことは起こらないよ。

4

超巨大《ちょうきょだい》火山、スーパーボルケーノを見る

【アイスクリームと北海道の大地】

ぼくの好きな「レークヒル・ファーム」は、北海道の牧場の中にあるアイスクリームショップである。その牧場のしぼりたての牛乳《ぎゅうにゅう》を使ったアイスクリームはとてもおいしい。建物の中で食べるのも良いのだが、ぼくは外に出て、北海道の大地をながめながらアイスクリームを食べるのが好きだ。高原を吹《ふ》いてくる風の中で食べると、おいしいアイスクリームがさらにおいしく感じられるのである。

【火山がつくった巨大《きょだい》な台地】

レークヒル・ファームは、洞爺湖《とうやこ》という大きな湖の近くにある。ここは**洞爺湖有珠山《とうやこうすざん》ジオパーク**の中。とても遠くまで見とおせる高原の上に、牧場やジャガイモ畑が広がっている。

11万年前という大昔のこと。激《はげ》しくそして超巨大《ちょうきょだい》な噴火《ふんか》が洞爺湖《とうやこ》で起こった。この高原

▲レークヒル・ファームのあたりの風景。火山灰《かざんばい》の大地に牧場が広がる。

はその噴火《ふんか》によってできたのだ。その噴火《ふんか》はあまりにもすごかった。たいへんな量のマグマが粉々になって、火山灰《かざんばい》や軽石《かるいし》としてふき出してきた。それらは、レークヒル・ファームのこのあたりで、おそらく数十メートルの厚《あつ》さでたまっている。いくらがんばって人間がスコップで掘《ほ》ったとしても、牧場の下からは火山灰《かざんばい》と軽石しかでてこないのである。このようにレークヒル・ファームのある高原は、たいへんな量の火山灰《かざんばい》や軽石でできているのだ。

洞爺湖《とうやこ》は直径約10キロメートル、水深最大179メートルのまるい形をした湖である。この湖も11万年前の超巨大噴火《ちょうきょだいふんか》によってできたもので、へこみに水がたまって湖になっている。

▲洞爺湖《とうやこ》。噴火《ふんか》でできた巨大《きょだい》なへこみ（カルデラ）に水がたまってできた。

▲霧島火山群《きりしまかざんぐん》。何千回もの噴火《ふんか》によって、今の形になった。

▲軽石《かるいし》（左）と火山灰《かざんばい》（右）。軽石は、泡《あわ》だらけのマグマが固まってできた石で、水に浮《う》かぶほど軽い。火山灰《かざんばい》は、マグマのしぶきがそのまま冷えて固まったもので、2mm 以下の大きさのものをいう。

この時でてきたマグマの量は170立方キロメートル、東京ドーム14万杯《はい》分というすごさである。

ふつうの火山は、何十万年もの間、何千回も噴火《ふんか》をくりかえして、成長してきている。九州の霧島火山群《きりしまかざんぐん》（2011年に噴火《ふんか》した新燃岳《しんもえだけ》は、霧島火山群《きりしまかざんぐん》の一つの火山）も、30万年の間に数千回の噴火《ふんか》をくりかえし、今の形になった（ここは現在《げんざい》、宮崎県《みやざきけん》、鹿児島県《かごしまけん》にまたがる**霧島《きりしま》ジオパーク**となっている）。これだけの期間をかけて長い間に出てきたマグマの量はものすごく多い。❶

ところが、洞爺湖《とうやこ》から出てきた噴火《ふんか》1回分のマグマの量は、さらにそれよりも多いのだ。およそ霧島火山群《きりしまかざんぐん》2個《こ》半くらいの量のマグマが一

❶ 火山をつくっているのはマグマが固まった石。火山の大きさから、それまでにでてきたマグマの量がわかるのである。

の大きな空港だ(約720 ha《ヘクタール》)。火砕流《かさいりゅう》で平らになった土地をいかしている。

回の噴火《ふんか》でふき出してきたのである。

こうして大量のマグマが地下からでてくると、その分だけ地面はへこむ。このようにしてできた巨大《きょだい》なへこみをカルデラ❶という。やがて、このへこみの中には水がたまり、湖になった。それが洞爺湖《とうやこ》なのである。

この時ふき出したマグマは、軽石《かるいし》や火山灰《かざんばい》と火山ガスとがまじりあった流れになって、まわりのあらゆる方向に広がっていった。これを「火砕流《かさいりゅう》」という。広い範囲《はんい》に数十メートルもの厚《あつ》さの火山灰《かざんばい》や軽石がたまったために、谷や山などの地形のデコボコはならされてしまい、広大な高原ができたのである。このような火砕流《かさいりゅう》のつくった平らな大地の例として、新千歳《しんちとせ》空港の写真をお見せしよう。ここは、およそ4万年前、28キロメートル西の支笏湖《しこつこ》で発生した超《ちょう》

▲新千歳空港《しんちとせくうこう》。北海道千歳市《ちとせ》と苫小牧市《とまこまい》にまたがる、日本で４番目に面積

巨大噴火《きょだいふんか》による火砕流《かさいりゅう》によってつくられた大地なのである。

火砕流《かさいりゅう》の流れ方のイメージは、入浴剤《にゅうよくざい》を使った火砕流《かさいりゅう》実験をするとよくわかる。お風呂《ふろ》は、水槽《すいそう》などよりも水の量が多いので、迫力《はくりょく》のある実験ができる。また、入浴剤《にゅうよくざい》ならお風呂《ふろ》で実験したあと、ゆっくりお風呂《ふろ》につかれる。ただし、お風呂《ふろ》で実験する時は、子どもだけでは実験しないように。かならずおとなといっしょに実験しよう。なお、入浴剤《にゅうよくざい》の中でも「バスロマン　ミルクプロテイン」がもっともこの実験にむいている。❷

❶ くわしくはぼくの書いた『世界一おいしい火山の本』を参照してほしい。
❷ 超巨大噴火《ちょうきょだいふんか》で火砕流《かさいりゅう》が発生する前には、空高く火山灰《かざんばい》の雲がのぼっていく。これを実験するには、上の実験で入浴剤《にゅうよくざい》のソフレを４倍に薄《うす》めたものを使おう。

かんたんジオ実験レシピ④

入浴剤《にゅうよくざい》を使って 火砕流《かさいりゅう》実験をしよう！

用意するもの

- 入浴剤《にゅうよくざい》と水をまぜたもの（バスロマン スキンケアミルクプロテイン 30g＋水 120cc）
- 紙コップ
- えんぴつ
- チューブ（太さ 5mm くらい）

1. 紙コップの底に、えんぴつで穴《あな》をあけ、チューブを通す。

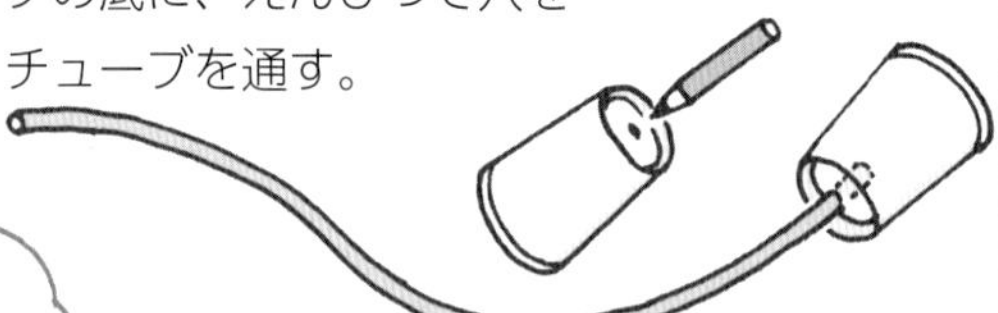

2. 浴槽《よくそう》に 8 分目までお湯を入れ、チューブを底まで通す。合図をしたら、コップから入浴剤《にゅうよくざい》を入れる。

＊この実験は、神奈川県立生命の星・地球博物館の笠間《かさま》友博《ともひろ》主任研究員《しゅにんけんきゅういん》の「チョークを使った火砕流《かさいりゅう》実験」の材料を少し変えてつくった。

▲洞爺湖《とうやこ》とゴジラ。この絵はぼくがかいてみた。

【巨大《きょだい》なへこみ、カルデラ】　この大きな洞爺湖《とうやこ》という火山（へこんでいるけど）は、想像《そうぞう》するのがたいへんなくらいに大きい。その大きさは、ゴジラと比《くら》べてみるとよくわかる。

ゴジラは、日本で一番有名な怪獣《かいじゅう》なので、みなさんもその名前を聞いたことがあると思う。身長は100メートル、体重は3万トン（推《すい》定《てい》）の巨大《きょだい》な空想上の生物だ。ぼくたちよりも、インドゾウよりも、シロナガスクジラよりも、はるかに大きな体をしている。

そのゴジラを、洞爺湖《とうやこ》（水はぬいてある）の中に入れたところの絵をかいてみた。

さて、ゴジラはどこかわかるかな？　見つけられたかな？

洞爺湖《とうやこ》のまん中をよく見てみよう。何か点がかいてあるね。じつはこれがゴジラなのだ。あまりにも小さくて点にしか見えないのである。

洞爺湖《とうやこ》がいかに大きいかわかると思う。

【破局噴火《はきょくふんか》】　洞爺湖《とうやこ》をつくったような巨大《きょだい》な噴火《ふんか》が起こるとたい

へんだ。噴火《ふんか》が起きた11万年前、レークヒル・ファームのあったところは、数十キロメートル先まで続く火山灰《かざんばい》の砂漠《さばく》になってしまった。火砕流《かさいりゅう》の温度は数百度もあるので、それが通りすぎたところのあらゆる生物は生きのびることができない。噴火《ふんか》のあとは、虫の声一つ聞こえない、火山灰《かざんばい》が風に吹《ふ》かれているだけという不気味に静かな土地が広がったのだ。幸いなことに超巨《ちょうきょ》大噴火《だいふんか》はめったに起こらない。日本全体では、1万年に1回起こるくらいである。

このような噴火《ふんか》が起こると、たいへんな災害《さいがい》となる。これは日本という国がほろびかねないような噴火《ふんか》なので「破局噴火《はきょくふんか》」とよばれている。近未来の日本で破局噴火《はきょくふんか》が起こったという想定のSF《エスエフ》小説がある。石黒耀《いしぐろあきら》著『死《し》都《と》日本』❶である。この小説は、**霧島《きりしま》ジオパーク**（宮崎県・鹿児島県）を舞台《ぶたい》にしている。小説中の噴火《ふんか》は、霧島《きりしま》火山で起こる。そして、この噴火《ふんか》によって霧《きり》島《しま》火山は消えてしまうのである。カルデラができたのだ。主人公は、そんな超巨大噴火《ちょうきょだいふんか》にであってしまった火山学者・黒木《くろき》である。とてもハラハラド

❶『死都《しと》日本』は、2002年に講談社《こうだんしゃ》から出版《しゅっぱん》された。中学生以上向け。なお、小説の都合上、噴火《ふんか》の進行はかなり速く描《えが》かれている。著者の石黒耀《いしぐろあきら》という名前をならべかえると、黒耀《よう》石となる。黒曜石は、第1章ででてきたね。

キドキするおもしろい小説であるが、火山学者のぼくがみても、書いてある内容《ないよう》は科学的にとても正確《せいかく》である。

このような破局噴火《はきょくふんか》❶が起こると、日本という国があり続けることができるかどうかというレベルの危機《きき》が起きてしまう。この本が出版《しゅっぱん》されたころ、この本に心を動かされた火山学者が中心になって「死都《しと》日本シンポジウム」が開かれた。このシンポジウムには火山学者とともに国の省庁《しょうちょう》の方々も参加して、破局噴火《はきょくふんか》が本当に起こったら、どうなるのか、あるいはどうするのか話しあったのだ。❷

【スーパーボルケーノ！】

さて、このような超巨大噴火《ちょうきょだいふんか》を引き起こすような火山をスーパーボルケーノとよぶ。スーパーボルケーノのあるジオパークをいくつか紹介《しょうかい》しよう。

阿蘇《あそ》ジオパーク（熊本県《くまもとけん》）にある阿蘇《あそ》カルデラは、日本を代表するスーパーボルケーノである。また、世界を代表するスーパーボルケーノでもある。阿蘇《あそ》カルデラには水がたまっていないので、カルデラの中には広々とした

❶この破局噴火《はきょくふんか》という言葉は、『死都《しと》日本』の中で誕生《たんじょう》した言葉である。正式の学術《がくじゅつ》用語ではないが、超巨大噴火《ちょうきょだいふんか》のイメージがよくわかるので、災害《さいがい》を伝えるための言葉として使われている。

❷「死都《しと》日本シンポジウム」でインターネットを検索《けんさく》すると、その時の記録が見られる。

▲空から見た阿蘇《あそ》カルデラ。世界を代表するカルデラである。この広大なへこみの中で、人々のくらしがいとなまれているのだ。

平地が広がり、そこで何万人もの人々がくらしている。

阿蘇《あそ》カルデラは、南北の直径が25キロメートル、東西の直径が18キロメートルもある、大きくへこんだ土地だ。このカルデラは、27万年前から9万年前に起きた4回の超巨大《ちょうきょだい》噴火《ふんか》でできた。中心部に新しい火山があり、そのまわりにはカルデラの底の広大な平地が広がっている。

カルデラのへりの崖《がけ》の高さは場所によってちがうが、300メートル以上あるところが多い。東京タワーの高さは333メートル。東京タワーくらいの高さの崖《がけ》が何十キロメートルも続いているのである。

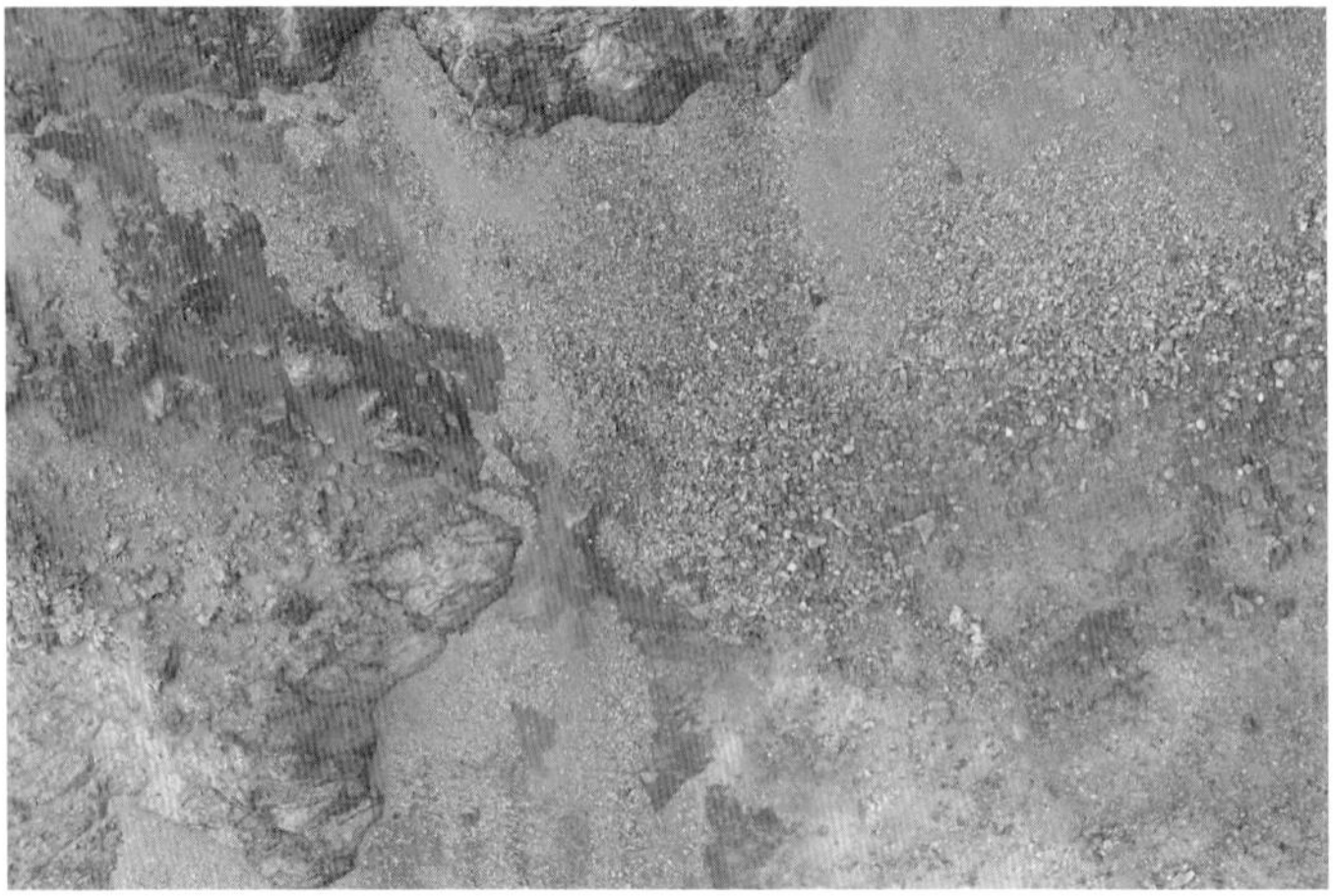

▲空から見た川原毛地獄《かわらげじごく》。写っているのは、はば数十ｍほどの範囲《はんい》だ。地球とは思えない光景である。ここを見学するときは、必ず遊歩道を歩こう。

【噴火《ふんか》しなかったスーパーボルケーノ】　このようなスーパーボルケーノのほかに、噴火《ふんか》しなかった巨大《きょだい》なマグマだまりと考えられるものもある。**ゆざわジオパーク**（秋田県）には川原毛地獄《かわらげじごく》というジオサイトがある。ここを中心とする地域《ちいき》の地下には、面積１５０平方キロメートル（山手線の内側の面積の２・４倍くらい）の高温の巨大《きょだい》な岩のかたまりがある。おそらくこれはマグマだまりの固まったものであり、噴火《ふんか》しなかったスーパーボルケーノだろう。

川原毛地獄《かわらげじごく》は、熱い火山ガスや温泉《おんせん》によって、岩石がボロボロに弱くなったところである。出てくる火山ガスには硫黄分《いおうぶん》がふくまれている。ガスの出口のまわりは、植物がほとんど生えない荒《あ》れ地《ち》になり、「地獄《じごく》」とよばれている。川原毛地獄《かわらげじごく》を空撮《くうさつ》してみた。とても地球上の景色《けしき》とは思えない写真である。この川原毛地獄《かわらげじごく》の熱のもとは、高温で巨大《きょだい》な地下の岩のかたまりなのである。

【江戸《えど》時代からふき出し続けるお湯】

川原毛地獄《かわらげじごく》の近くには、泥湯温泉《どろゆおんせん》などたくさんの温泉《おんせん》がある。とくに小安峡《おやすきょう》大噴湯《だいふんとう》はぜひ見てほしい。深さ60メートルの谷を階段《かいだん》で降《お》りると、小安峡《おやすきょう》大噴湯《だいふんとう》にたどりつくことができる。そこでは谷の壁《かべ》から熱いお湯が横にふき出している。お湯の温度は98度。モクモクと蒸気《じょうき》が上がってじつに楽しいところだ。

ここのすごいところは、このお湯が江戸《えど》時代からずっとふき出し続けていることである。秋田県の各地をめぐり歩いて旅行記を書いた江戸《えど》時代の旅行家、菅江真澄《すがえますみ》はここを訪《おとず》れ、大噴湯《だいふんとう》の絵をかいている。菅江真澄《すがえますみ》は正確《せいかく》な絵をかくことで知られているが、その絵は今の大噴湯《だいふんとう》とそっくりである。むしろ、江戸《えど》時代のほうが、勢《いきお》いがあったように見える。

もちろん、このお湯の熱のもとは、川原毛地獄《かわらげじごく》と同じ地下の高温の巨大《きょだい》な岩のかたまりである。江戸《えど》時代から現在《げんざい》までにここからでてきたお湯はたいへんな量だ。もし、このお湯を、石油を燃《も》やしてつくったとしよう。必要な石油の量は100万トンを超《こ》える計算に

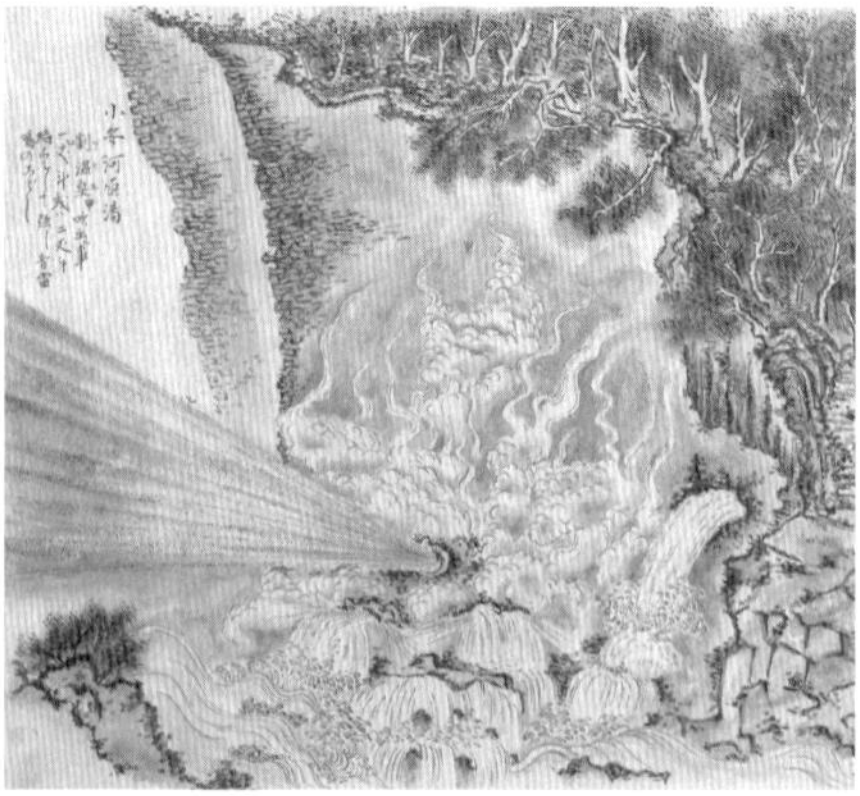

▲菅江真澄《すがえますみ》のかいた小安峡《おやすきょう》大噴湯《だいふんとう》（左、部分）と、上から見た現在《げんざい》の大噴湯《だいふんとう》（右）。

なる。マグマのもつ巨大《きょだい》なエネルギーがよくわかる。

ゆざわジオパークの大きな魅力《みりょく》の一つは温泉《おんせん》なのだが、これはマグマのめぐみといっていいだろう。

【スーパーボルケーノの楽しみ方】スーパーボルケーノはスケールが大きく、カルデラやそのまわりの火山灰《かざんばい》の大地では、都会では味わえない解《かい》放感《ほうかん》が感じられて気持ちがいい。まずはこの気持ちを味わってほしいと思う。たとえばレークヒル・ファーム（洞爺湖有珠山《とうやこうすざん》ジオパーク）の近くにあるサイロ展望台《てんぼうだい》からは、洞爺《とうや》カルデラ全体を広々と見渡《みわた》すことができる。

また、温泉《おんせん》につかりながらカルデラをながめるのもおもしろい。洞爺湖《とうやこ》温泉《おんせん》の露天風呂《ろてんぶろ》は湖に面してつくられることが多い。そんな場所でゆっくりお湯につかっていると、温泉《おんせん》の水面と洞爺湖《とうやこ》の水面がつながって見えて、まるでカルデラそのものにつかっている気分になるのである。

阿蘇《あそ》カルデラ（阿蘇《あそ》ジオパーク）を見わたすには、大観峰《だいかんぼう》の展望台《てんぼうだい》がいいだろう。巨大《きょだい》なカルデラと、その中に後からできた火山たちを見ることができる。あるいは阿蘇《あそ》カルデラの中をドライブするのもおもしろい（国道57号線がおすすめ）。走っても、走ってもまだまだカルデラの中。まるでお釈迦様《しゃかさま》の手のひらの中の孫悟空《そんごくう》のようである。

▲展望台《てんぼうだい》から阿蘇《あそ》カルデラの中をながめる。カルデラの中に畑や家々が広がっている。

5 ナキウサギのすむ「森の中の小さな森」

【ミヤベイワナのいるヤンベツ川】

自動車を森のそばにおき、キャンプ場を通りすぎ、ヤブの中を歩き、斜面《しゃめん》を下ると、そこはヤンベツ川の川原《かわら》だった。ヤンベツ川の水は、きれいにすきとおっていてまったくにごりがない。川底がはっきりと見えるのだ。キラキラと太陽の光が水面に反射《はんしゃ》して、それがとてもまぶしい。❶

でも、ぼくがおどろいたのは、こんなにかんたんに歩いて行けるところに美しい川が残されていることだった。いつも野山を歩きまわって調査《ちょうさ》をしているぼくは、何度かこのようにきれいな川を見たことがある。でも、どれもたいへんな山奥《やまおく》にあり、一日中歩いてやっとたどりつけるようなところだったりするのだ。自動車を降《お》りてから15分くらいで、このようなすてきな場所にたどりつけることがおどろきなのだ。

▲ヤンベツ川のすきとおった水の中に、ミヤベイワナの子どもたちがいた。

ヤンベツ川は北海道のほぼ中央部の、**とかち鹿追《しかおい》ジオパーク**（北海道）の中にある。ヤンベツ川の自然は、しっかりと守られている。釣《つ》りは厳《きび》しく禁止《きんし》され、川の流れは自然のなり行きにまかされている。台風などでたおれた木がそのままになっているし、川原《かわら》にはシカの骨《ほね》が落ちている。

7月にぼくが訪《おとず》れた時には、数えきれないほどのミヤベイワナ（天然記念物）の子どもたちがいた。水がすきとおっていて、しかもたくさんのミヤベイワナの子どもがいるので、かんたんに写真が撮《と》れる。こうやって

❶ どんなにきれいに見えても、川の水をそのまま飲むのはやめよう。

▲然別湖《しかりべつこ》。はるか昔の噴火《ふんか》によって、川がせきとめられてできた。後ろに見えるのが溶岩《ようがん》ドーム。

そのことを書いていると、ぼくはすぐにでもヤンベツ川に行きたくなってしまう。ヤンベツ川は、ぼくのあこがれの場所の一つなのである。

【北の国のサファイア、然別《しかりべつ》湖《こ》】 ヤンベツ川の下流には然《しかり》別湖《べつこ》という、これもまた美しい湖がある。ヤンベツ川は、もともと谷の中を流れていたが、然《しかり》別湖《べつこ》は後からできたのである。ここで次のような想像《そうぞう》をしてほしい。はじめに、頭の中に、まっすぐで深い谷を思《おも》い浮《う》かべてほしい。いいかな？　次に、その谷の中で噴火《ふんか》が起きたようすを想像《そうぞう》しよう。それはこんな噴火《ふんか》だ。ねばりけの強い溶岩《ようがん》が谷底からでてくる。ねばりけが強いので、ほとんど流れずにどんどんもりあがり、ドームのような形になって固まる。このような溶岩《ようがん》ドームがいくつかできたら、谷はふさがれてしまうね。溶岩《ようがん》ドームがダムのように谷をふさぐのである。さらに溶岩《ようがん》ドームの上流にできたへこみに、水がたまっていくようすを思いえがこう。これが然別湖《しかりべつこ》だ。この溶岩《ようがん》ドーム群《ぐん》が然別《しかりべつ》火山である。

もともとヤンベツ川にすんでいたイワナ（オショロコマ）は、この湖から下には行けなくなってしまった。数万年の間に、そのイワナは独自《どくじ》の進化をとげ、ミヤベイワナとなったのである。ミヤベイワナは9月になると、産卵《さんらん》のため然別湖《しかりべつこ》からヤンベツ川に上がってくる。小さな川にたくさんのミヤベイワナがくるので、かんたんに観察できるそうだ。

然別湖《しかりべつこ》は宝石《ほうせき》にたとえたくなるような、小さいけれどきらりと光る、そんな湖だ。その水の色から連想する鉱物《こうぶつ》は青いサファイア❶である。湖畔《こはん》のトレッキングもおもしろいし、カヌーに乗るのもすごく楽しい。❷

【ナキウサギのすむ「森の中の小さな森」】

然別湖《しかりべつこ》の近くには、ナキウサギがすんでいる森がある。ナキウサギはウサギの仲間だ。目、耳、鼻、

❶ サファイアは青いものが多いが、じつはいろいろな色がある。赤いものはルビーとよばれるが、それ以外の色は全部サファイア。

❷ 夏の然別湖《しかりべつこ》も楽しいけれど、冬もおもしろい。「しかりべつ湖コタン」というイベントでは、アイスロッジ、アイスチャペルなど、さまざまな氷の家がつくられるのだ。

もこもこした体、短い手足など、どこを見てもとてもかわいらしい。ガイドさん❶にお願いすれば（そして運が良ければ）ナキウサギの姿《すがた》を見ることができるだろう。ぼくは、まだ「キィー」という鳴き声しか聞いてないけど。

ナキウサギのくらしている「風穴《ふうけつ》地帯」は岩だらけの森だ。岩と岩とのすきまがナキウサギの巣になっている。巣のまわりの岩のすきまからは、湿《しめ》った冷たい空気がふき出している。このため、ナキウサギの巣のまわりにはミズゴケの仲間がはえていて、フワフワのジュウタンを敷《し》いたようである。

そこに、ガンコウランやエゾイソツツジなどの高さ数十センチメートルの小さな木がはえている。これらの小さな木は高山植物なのだが、冷たい風がふき出しているので、このような標高の低いところにはえることができる。ナキウサギのすむところだけ、低くて小さな森になっているのである。風穴《ふうけつ》地帯は、ナキウサギのための「森の中の小さな森」だ。

❶ 然別《しかりべつ》湖畔《こはん》の然別湖《しかりべつこ》ネイチャーセンターかボレアルフォレストにガイドさんがいる。要予約。ネイチャーセンターの「まっつ」さんはジオパークにくわしい。
❷ 福山《ふくやま》市立大学の澤田結基《さわだゆうき》博士は、然別《しかりべつ》火山の風穴《ふうけつ》から約 4000 年前の氷を見つけた。発見された中で日本最古の氷である。その中からはナキウサギが（おそらく食べ物としてためこんだ）植物のかけらとフンが見つかっている。

5　ナキウサギのすむ「森の中の小さな森」

▲ナキウサギ。体長は 15cm ほどで、岩だらけの風穴《ふうけつ》地帯にすんでいる。

まるで小人のすむ森のような、そして童話の中のような別世界。ぜひ、訪《おとず》れてほしいところだ。

この「森の中の小さな森」は、夏行くととても涼《すず》しくて気持ちがいい。ぼくがそこを訪《おとず》れた日は、全国的にかなりの暑さだった。東京の昼の気温は34℃、とかち鹿追《しかおい》ジオパークのある鹿《しか》追町《おいちょう》は27℃。然別湖《しかりべつこ》は高いところにあるので、気温は23℃くらい。ところが、ほぼ同じ高さの風穴《ふうけつ》のまわりは13℃と、とても涼《すず》しい。風穴《ふうけつ》からふき出す風は、一番温度の低いところでほぼ0℃。夏なのに氷が残っているところもある。森の中の道を歩いていると、ナキウサギのすむ風穴《ふうけつ》に近づいたことが体で感じられる。風穴《ふうけつ》に近くなるとどんどん涼《すず》しくなってくるのだ。❷

▲「森の中の小さな森」。高山植物のしげみに、ナキウサギがくらしている。

このような特別に涼《すず》しい場所にナキウサギがすんでいるのには理由がある。ナキウサギは数万年前、地球がもっと寒かった時には、たぶん北海道の広い範囲《はんい》にすんでいた動物である。地球があたたかくなった時に、彼《かれ》らはこの涼《すず》しい場所に逃《に》げこんだのだ。

【寒かった地球】

ほんの2万年前、地球は今よりもずっと寒かった。現在《げんざい》よりも、およそ10度も気温の低い時代だったのだが、みなさんは信じられるかな？　最近の地球は、およそ10万年の周期で、あたたかくなったり寒くなったりをくりかえしている。あたたかい時期が1万年ほど続くと、そのあとに寒い時期が9万年ほどやってくる。そして、またあたたかい時期がやっ

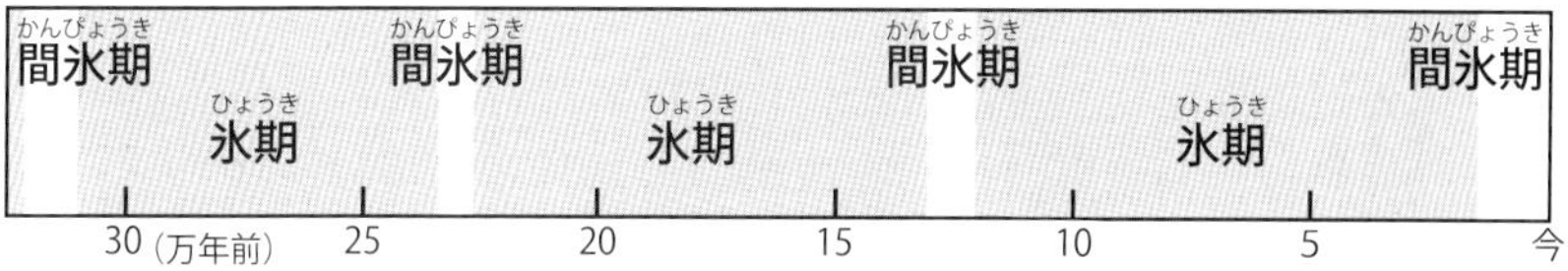

▲寒い時期とあたたかい時期は、このようにくりかえしやってくる。

てくる。ぼくたちのくらす現代《げんだい》は、たまたまその中のあたたかい時期で、これは1万年くらい続いている。この寒い時期を氷期《ひょうき》、あたたかい時期を間氷期《かんぴょうき》という。両方をあわせて氷河期《ひょうがき》とよぶ。というわけで、現在《げんざい》は氷河期《ひょうがき》の中の間氷期《かんぴょうき》という、少しややこしい言い方になる時期なのである。❶

10℃という気温のちがいは、どのくらいだろう？

東京の平均《へいきん》気温は15・4℃。九州の鹿児島《かごしま》市の平均《へいきん》気温は18・6℃。東京とたったの3・2℃しかちがわない。東京と沖縄県の那覇《なは》市との平均《へいきん》気温の差でも7・7℃。平均《へいきん》気温の10℃の差というのは、たいへん大きなちがいなのだ。

寒かったころの地球は、今とはちがう姿《すがた》をしていた。たとえばそのころ、アメリカ合衆国《がっしゅうこく》のニューヨーク

❶ これから先も、寒い時期とあたたかい時期は、周期的にくりかえされる。たぶん、数千年以内に、地球はまた寒い時期にもどるだろう。人類の出す二酸化《にさんか》炭素《たんそ》（温室効果《こうか》ガスのひとつ）による地球の温暖化《おんだんか》が、どのようにこれに影響《えいきょう》するかはまだ、よくわかっていない。地球の温暖化《おんだんか》が、海流の流れを変え、かえって寒い時期が早くやってくるという考え方もあるのだ。

▲アメリカ・ニューヨークのセントラルパークで見られる、氷河によってけずられた岩のようす。

のあたりは氷河《ひょうが》でおおわれていた。ニューヨークのセントラルパークを散歩すると、氷河《ひょうが》によってけずられた岩を見ることができる。当時、北アメリカ大陸の北部やヨーロッパの北部のほとんどが、厚《あつ》さ数千メートルもある氷におおわれていた。これだけの水が氷になって陸にあるとどうなるだろうか？　地球の上の水や氷の全部の量はほとんど変わらない。だから、陸地で氷になった分だけ、海の水は少なくなる。したがって、海は浅くなってしまう。氷河《ひょうが》がたくさんあった当時、海面は現在《げんざい》よりおよそ１００メートルも低かった。昔は、みなさんの見ている海岸線よりもはるか沖《おき》に海岸があったのである。

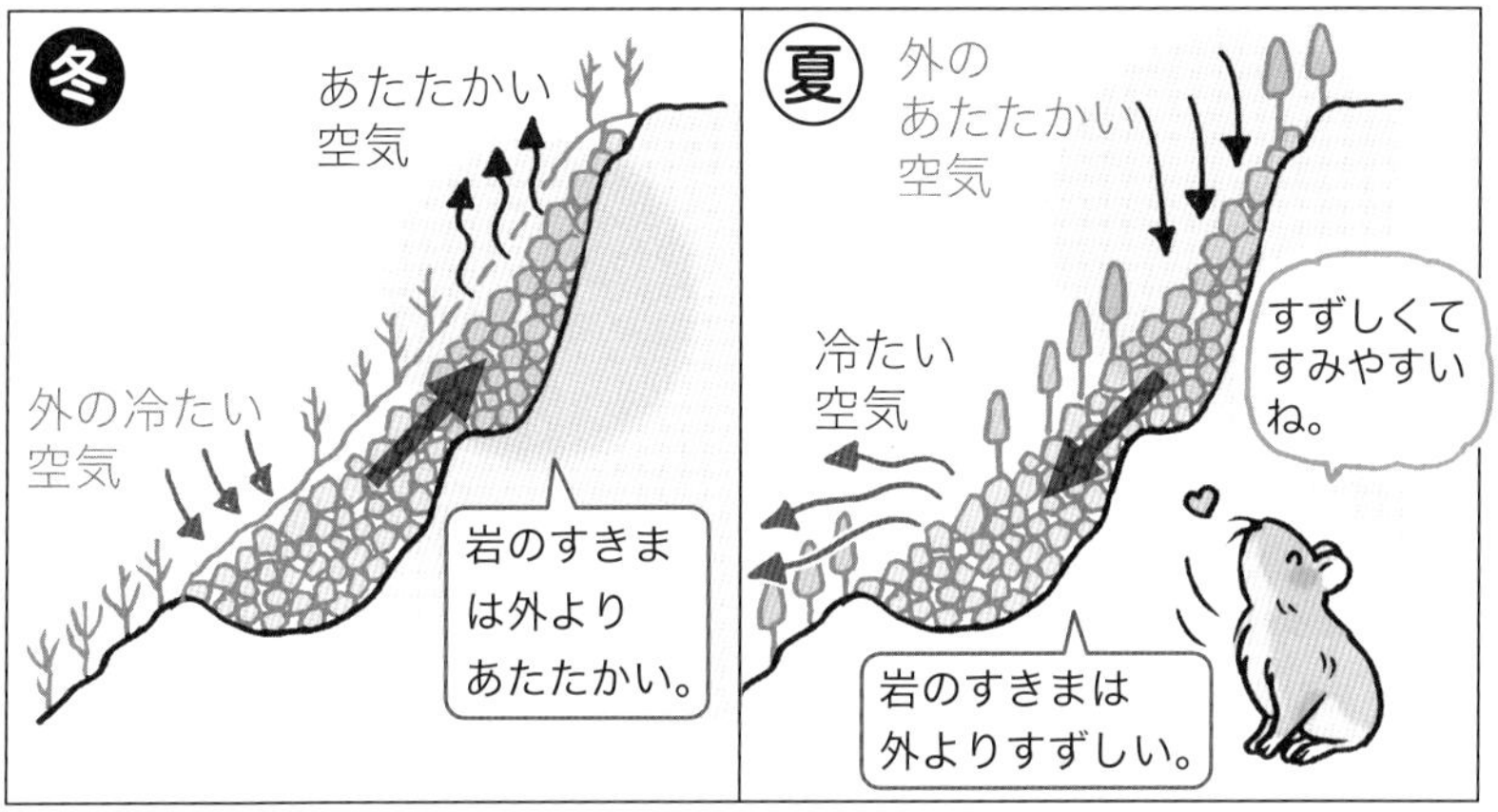

▲風穴《ふうけつ》のしくみ。あたたかい空気は軽いため、上から出入りする。冷たい空気は重いため、下から出入りする。

【風穴《ふうけつ》の秘密《ひみつ》】　ナキウサギのすんでいるところは風穴《ふうけつ》といわれる場所である。風穴《ふうけつ》は全国各地にあり、昔は冷蔵庫《れいぞうこ》として使われていた。❶では、風穴《ふうけつ》からはどうして冷たい空気が出てくるのだろう？

みなさんはお風呂《ふろ》に入った時に、上のほうは熱いのに、下のほうが冷たいということを経験《けいけん》したことがあるかな？　熱いお湯は冷たい水に比《くら》べて軽い。熱くて軽い水は上に浮《う》き、冷たくて重い水は下のほうに沈《しず》んでいく。これを「対流《たいりゅう》」というのだが、風穴《ふうけつ》から冷たい風がふき出すのも同

❶「富岡製糸場《とみおかせいしじょう》と絹産業《きぬさんぎょう》遺産群《いさんぐん》」として世界遺産《いさん》に登録された荒船風穴《あらふねふうけつ》もその一つ。この風穴《ふうけつ》は下仁田《しもにた》ジオパーク（群馬県）の中にある。

じ理由なのだ。❶

前のページの絵を見てほしい。風穴《ふうけつ》は大きな岩が積み重なったところにある。大きな岩と岩の間にはすきまができる。冬の間は、まわりの空気よりもあたたかく軽い空気が岩のすきまを通って上にあがり、そして外にふき出す。こうやって、岩の間はどんどん冷えていく。中には氷もできる。夏になると今度は下から（まわりの空気よりも）冷たくて重い空気がふき出してくるのである。そのため、風穴《ふうけつ》の中は夏でも涼《すず》しい。

ナキウサギは暑さに弱い。気温が20℃をこえると動きがにぶくなる。そのために、こんなに涼《すず》しいところにすんでいる。ナキウサギは風穴《ふうけつ》や高い山の上で、このあたたかい時代を生きのびているのだ。

【岩の重なりは溶岩《ようがん》ドームの一部】

そして、この風穴《ふうけつ》をつくっている岩の重なりは、溶岩《ようがん》ドームの一部である。溶岩《ようがん》ドームができる時は、熱くてねばりけの強いマグマがもりあがるように大きくなっていく。もりあがっていくあいだにも、一番外側はどんどん冷えて固まって岩になる。このような岩は

❶「軽い」「重い」といっても同じ体積で比較《ひかく》したときの重さ、つまり密度《みつど》。
❷ 然別《しかりべつ》火山の火砕流《かさいりゅう》は、「軽石と火山灰《かざんばい》」でなく「岩と火山灰《かざんばい》」。同じ火砕流《かさいりゅう》とはいってもタイプが少しちがう。第４章にも火砕流《かさいりゅう》のことが書いてあるよ。

▲火砕流《かさいりゅう》の大地につくられた牧草地。奥《おく》に見えるのが然別《しかりべつ》火山である。

くだけて、転がり落ちて、溶岩《ようがん》ドームのふもとにたくさんたまる。大きな岩がすきまだらけで重なった状態《じょうたい》になるのだ。このようなところに風穴《ふうけつ》ができている。ナキウサギがここにいるのもジオな理由があるのだ。

【然別《しかりべつ》火山のふもと】

然別湖《しかりべつこ》をせきとめたのは、溶岩《ようがん》ドームでできた然別《しかりべつ》火山である。鹿《しか》追町《おいちょう》の半分はこの然別《しかりべつ》火山の裾《すそ》野の上にある。

数万年前、然別《しかりべつ》火山の溶岩《ようがん》ドームができた時、その一部はくずれて「火砕流《かさいりゅう》」となった。火砕《かさい》流《りゅう》とは、高温の岩や火山灰《かざんばい》と火山ガスが、なだれのように高速で流れ下ってくる噴火《ふんか》である。❷

火砕流《かさいりゅう》はすーっと流れて広がり、平らな土地をつくった。今では、そこは牧場となっている。

▲火砕流《かさいりゅう》の大地の上で育つウシたち。

平らで農業をおこないやすい土地は、然別《しかりべつ》火山のめぐみなのである。

【「カントリーホーム風景《ふうけい》」のソフトクリーム】

カントリーホーム風景というレストランは、そんな牧場の一つの中にある。十勝《とかち》平野はどこに行ってもおいしいソフトクリームがあってびっくりするが、その中でもここが一番だとぼくは思う。火砕流《かさいりゅう》の大地の上で牧草を育て、それをウシが食べ、その牛乳《ぎゅうにゅう》を人間がしぼり、さらにソフトクリームにしたのである（また、ここでもソフトクリームについて書いてしまった。まあ、ぼくの大好物なのでお許《ゆる》しいただければと思う。洞爺《とうや》湖有珠山《こうすざん》ジオパークのレークヒル・ファームもそうだが、火砕流《かさいりゅう》の上の牧場の牛乳《ぎゅうにゅう》を使ったアイスクリームやソフトクリームは、なぜかとてもおいしい）。ぼくは世界で一番ここのソフトクリームが好きなのだ。カントリーホーム風景のドアを開ける時、ぼくは本当に「わくわく」した気持ちになる。ソフトクリームを食べながら、牧場やその先の然別《しかりべつ》火山をながめよう。そして「火砕流《かさいりゅう》のめぐみ」を味わってみてほしい。❶

❶ なお、カントリーホーム風景のハンバーガーもたいへんおいしい。鹿追町《しかおいちょう》には、このほかにもたくさんの牧場のレストランやケーキ屋があり、とても楽しい。レストラン カントリーパパ、パティスリー roku.《ロク》 などが、ぼくのおすすめ。

6 ジオパーク、ぼくの好きなものいろいろ

ぼくは、どうしてこんなにジオパークにひかれるのだろう?　自分でもとても不思議な気がする。その気持ちはとても一言ではまとめられない。だから、ぼくが好きでたまらない場所やものなど、ジオパークの魅力《みりょく》のいろいろを書いていきたいと思う。思いついたものを次々と紹介《しょうかい》していくからね。はじめは「地底温泉《おんせん》」からだ。

【地底温泉《おんせん》】　伊豆《いず》半島ジオパーク（静岡県《しずおかけん》）にある伊東市《いとう》の温泉宿《おんせんやど》「大東館《だいとうかん》」には、地底探検《たんけん》気分で温泉《おんせん》に入れる家族風呂《ぶろ》がある。伊豆《いず》半島ジオパークには「東伊豆単成火山《ひがしいずたんせいかざん》群《ぐん》」がある。単成火山群《たんせいかざんぐん》とは、たくさんの小さな火山の集まりだ。伊東市《いとう》とそのまわりには、このような小さな火山があちらこちらにあるのだ。この旅館のあたりには、その一つから降《ふ》ってきた「スコリア」（黒くて泡《あわ》だらけの石。黒い軽石）がたくさんつもった。その中に掘《ほ》

▲伊豆半島《いずはんとう》ジオパークの地底温泉《おんせん》（左）とスコリア（上）。

られたトンネル（このトンネルは昔、防空壕《ぼうくうごう》として使われていた）の奥《おく》に家族風呂《ぶろ》がある。ここでお風呂《ふろ》に入ると、まさに火山の地底探検《たんけん》。ここに泊《と》まって家族で温泉《おんせん》に入ると楽しそう！

温泉《おんせん》と言えば桜島《さくらじま》が楽しい。

【自分用の温泉《おんせん》が掘《ほ》れる！】桜島《さくらじま》・錦江湾《きんこうわん》ジオパーク（鹿児島県《かごしまけん》）にある桜島《さくらじま》の有村《ありむら》海岸では自分で温泉《おんせん》を掘《ほ》れるのだ。海岸の砂《すな》をスコップで掘《ほ》ると、温泉《おんせん》がわいてくる。お湯は45℃を超《こ》えることもある。自分専用《せんよう》の温泉《おんせん》を掘《ほ》って、足をお湯に入れて、地球のエネルギーを感じよう。桜島《さくらじま》ビジターセンターに行くと、温泉掘《おんせんほ》りセットが販売《はんばい》されている。タオル、スコップ、温泉掘《おんせんほ》りの手引書入り。桜島《さくらじま》にはＮＰＯ《エヌピーオー》法人

▲桜島《さくらじま》の有村《ありむら》海岸では、自分で温泉《おんせん》が掘《ほ》れるのだ。

桜島《さくらじま》ミュージアムが開催《かいさい》する、楽しい体験プログラムがたくさんある。「みんなの桜島《さくらじま》」web《ウェブ》ページ（http://www.sakurajima.gr.jp）に情報《じょうほう》がある。温泉《おんせん》ができるのは、活火山《かっかざん》である桜島《さくらじま》があるからだ。温泉《おんせん》は火山の水だが、水の中の火山も楽しい。

【水中の溶岩《ようがん》ドーム】　洞爺湖有珠山《とうやこうすざん》ジオパーク（北海道）の洞爺湖《とうやこ》カルデラのまん中《なか》には、中島《じま》という島がある。火山が集まってできた島だ。この近くにある水中溶岩《ようがん》ドームがおもしろい。洞爺湖《とうやこ》はとても深い湖なのだが、この場所（ゼロポイント）だけは浅くなっていて、人が立つことができるのである。湖の水がふえて、溶岩《ようがん》ドームが水の中に沈《しず》んでしまったのだ。ここで

▲洞爺湖《とうやこ》の中に立っている？　じつは足もとに水中溶岩《ようがん》ドームがあるのだ。

はなにもない広い湖の中に、ぽつんと人が立っているというおもしろい記念写真が撮《と》れる。ここへの行き方はジオパークのガイドさんに聞いてほしい。湖の中の山といえば、男鹿《おが》半島・大《おお》潟《がた》ジオパークの大潟富士《おおがたふじ》を思い出す。

【標高ゼロメートルの山】　男鹿《おが》半島・大潟《おおがた》ジオパーク（秋田県）の大潟富士《おおがたふじ》は、日本一低い山である（ただし人間がつくった人工の山）。大潟富《おおがたふ》士《じ》のある大潟村《おおがたむら》は、海とつながっていた八郎潟《はちろうがた》という大きな湖だった。そこに堤防《ていぼう》をつくり、水を抜《ぬ》き、人間が新しい土地をつくり出した。というわけで、村内のどの場所も海面より低いのである。大潟富士《おおがたふじ》の高さは3・776メートル。ちょうど富士山《ふじさん》の1000分の1の大きさ

▲大潟富士《おおがたふじ》。富士山《ふじさん》の 1000 分の 1 のスケールの人工の山である。

につくられている。１０００回登れば富士山《ふじさん》登山と同じだ（ぼくも10回ほど続けて登ってみたけれど、けっこう疲《つか》れるね）。そしてその山頂《さんちょう》はちょうど標高ゼロメートル。かつての湖面のあった高さである。この上に立つと、湖の底だった土地を見わたせる。この山は小さいけれど、23歩も登らなければ、頂上《ちょうじょう》につかない。ところが１歩で５０００万年移動《いどう》できる場所があるのだ。

【5000万年ひとまたぎ】　三笠《みかさ》ジオパーク（北海道）はおもしろい。三笠《みかさ》市立博物館から出発する野外博物館ジオサイトの道を歩いて行くと、トンネルの前に、三笠《みかさ》の石炭ができた５０００万年前の地層《ちそう》と、恐竜《きょうりゅう》時代の1億年前の地層《ちそう》とのさかい目（これを不整合《ふせいごう》という）が

三笠ジオパーク
MIKASA GEOPARK

▲三笠《みかさ》ジオパークの、時間のへだたりのある地層《ちそう》のさかい目（右）と、ロゴマーク（上）。

ある。ここを一歩またぐと、5000万年前の世界から1億年前にタイムワープした気分になれる。このひとまたぎをコンセプトにつくられたのが三笠《みかさ》ジオパークのロゴマークだ。

【三笠《みかさ》ジオパークのロゴマーク】「現在《げんざい》・5000万年前・1億年前をひとまたぎで体験できる」をコンセプトに、北海道教育大学岩見《いわみ》沢《ざわ》校のデザイン専攻《せんこう》の学生さんたちがつくったロゴマークがこれである。1億年前をあらわすアンモナイトや、5000万年前をあらわす石炭があしらわれている、すぐれたデザインだ。

形のおもしろさと言えば、自然の石ですごいものがある。

▲伊豆《いず》半島ジオパークの完全に丸い石。写っているのはぼく。

【伊豆《いず》半島の完全に丸い石】 **伊豆《いず》半島ジオパーク**（静岡県）の伊東《いとう》市にあるこの石はまん丸だ。ほとんど正確《せいかく》に球だと思う。この石は波の力によってできた。ポットホールという穴《あな》に石が落ちこんで、さらにそれが波の力でみがかれてできあがったものらしい。場所は（保護《ほご》のために）ここには書かないので、ジオガイドの方にたのんで案内してもらおう。岩といえば、南紀熊野《なんきくまの》ジオパークの「一枚岩《いちまいいわ》」はすごい。

【奈良《なら》時代からある？ 古座川《こざがわ》の一枚岩《いちまいいわ》】 **南紀熊野《なんきくまの》ジオパーク**（和歌山県）の古座川《こざがわ》の一《いち》枚岩《まいいわ》は、高さ約１００メートル、幅《はば》約５００メートルの巨大《きょだい》な一続きの一枚岩《いちまいいわ》である。古《こ》座川《ざがわ》の対岸から見ると、「そこにたしかに岩がある」と力強く感じることができる。コーヒーでも飲みながらゆっくりながめていたいと思うような、そんな岩である。この岩は

▲古座川《こざがわ》の一枚岩《いちまいいわ》。表面の白い跡《あと》のようなものがヘリトリゴケだ（右上）。

＊この年代測定《そくてい》法をライケノメトリーという。

1400万年前、ここのはるか上で巨大噴火《きょだいふんか》が起きた時のマグマの通り道である。

また、その岩の表面には、地衣類《ちいるい》の一種であるヘリトリゴケがはえている。この地衣類《ちいるい》は年ごとにだんだんと大きくなる。一枚岩《いちまいいわ》のヘリトリゴケの大きさは縦《たて》1・56メートル、横1・84メートルで、2007年時点で世界最大である。

このヘリトリゴケの大きさから、この崖《がけ》ができたのは奈良《なら》時代という結果がでてきた（ただし、誤差《ごさ》はたいへん大きい）。＊本当に奈良《なら》時代からあるのかどうかはまだわからないが、この崖《がけ》の岩《がん》盤《ばん》が古いものであることはたしか。崖《がけ》と言えば、こちらもおもしろい。

【崖《がけ》にすいこまれる列車】

おおいた豊後大野《ぶんごおおの》ジオパーク（大分県）の岩戸《いわど》の崖《がけ》は、高さ約50メートル。阿蘇《あそ》カルデラ（第４章を見よう）から流れてきた火砕流《かさいりゅう》でできている。前の川をわたる鉄橋は、崖《がけ》のまん中のトンネルへと続く。

列車がやってくるとおもしろい。鉄橋を渡《わた》った列車が、崖《がけ》にすいこまれて消えてしまうのだ。列車が通りすぎたあとはすっかり静かになってしまう。まるで列車が９万年前の世界に消えてしまったかのよう。そう、この崖《がけ》をつくる岩石は９万年前に、西に45キロメートルはなれた阿蘇《あそ》カルデラ（阿蘇《あそ》ジオパーク）から流れてきた火砕流《かさいりゅう》の火山灰《かざんばい》や軽石《かるいし》が固まっ

▲岩戸《いわど》の崖《がけ》にすいこまれる列車。

たものなのだ。「溶結凝灰岩《ようけつぎょうかいがん》」というかたい岩石になっていて、多くの場所で岩の柱が寄《よ》り集《あつ》まったような崖《がけ》ができている。これを柱状節理《ちゅうじょうせつり》という。柱状節理《ちゅうじょうせつり》は、溶岩《ようがん》や、火砕《かさい》流《りゅう》の熱い火山灰《かざんばい》や軽石が冷えて固まる時にできる。この岩の柱にちなんだキャラが「玄《げん》さん」である。

▲おおいた豊後大野《ぶんごおおの》ジオパークの柱状節理《ちゅうじょうせつり》。岩の柱がびっしりとそそりたっている。

【ごついゆるキャラの玄《げん》さん】

ごつい顔をしているけれど、ゆるキャラなのが**山陰《さんいん》海岸ジオパーク**（鳥取県・兵庫県・京都府）の「玄《げん》さん」の不思議で魅《み》力的《りょくてき》なところである。玄《げん》さんは「玄武洞《げんぶどう》」のキャラクター。「玄武洞《げんぶどう》」では、玄武岩《げんぶがん》という岩石にたくさんの岩の柱ができている。柱を横に切った時の六角形の形にちなんで、玄《げん》さんの

▲玄《げん》さんといっしょにパチリ！

頭も六角形。ジオパークにはたくさんのゆるキャラがいるけれど、ぼくが一番好きなのは玄《げん》さんなのだ。玄《げん》さんはとてもかたいが、白神酵母《しらかみこうぼ》のクリームパンはやわらかくておいしい。

【ボスケットのクリームパン】八《はっ》峰白神《ぼうしらかみ》ジオパーク（秋田県）の「ボスケット」は白神酵母《しらかみこうぼ》のパンの店。世界自然遺産《いさん》の白神《しらかみ》山地で発見された白神酵母《しらかみこうぼ》は大地のめぐみだ。かたい岩でできた地層《ちそう》がもりあがる↓高い山ができる↓高い山では木がきりにくい↓広大なブナ林が残った↓生物の多様性《たようせい》が残される↓白神酵母《しらかみこうぼ》が発見され、大地のめぐみとなったのだ。白神酵母《しらかみこうぼ》でつくったパンはモチモチしておいしい。クリームパンにすると、カスタードクリームとパンとの食感のハーモニーが絶妙《ぜつみょう》だ。このジオパークのある八峰町《はっぽうちょう》にはこのほかに、松岡《まつおか》食品の豆《とう》乳《にゅう》ソフトクリーム、しらかみカフェの梨《なし》スイーツなど、おいしいデザートがたくさんある。

また、おとな向きだが、白神《しらかみ》山地のわき水を使って栽培《さいばい》した米を、その水で仕こんだお酒「山本《やまもと》」が高品質《こうひんしつ》でおいしい。八峰白神《はっぽうしらかみ》ジオパークにお父さんを誘《さそ》う時には最強の武器《ぶき》だ。

ジオのめぐみを使ったジオフードをもう一つ紹介《しょうかい》しよう。

▲白神《しらかみ》山地のめぐみ、ボスケットのクリームパン。

【高原町《たかはるちょう》の灰干《はいぼ》し肉】 **霧島《きりしま》ジオパーク**のある宮崎県高原町《たかはるちょう》には、2011年の新燃岳《しんもえだけ》の噴火《ふんか》でたくさんの火山灰《かざんばい》が降《ふ》ってきた。この町の人たちのすごいところは、このじゃまな火山灰《かざんばい》を大地のめぐみに変えてしまったところにある。「灰干《はいぼ》し」は火山灰《かざんばい》を使った高級干物《ひもの》。火山灰《かざんばい》の中に、半透膜《はんとうまく》というもので包んだ肉を埋《う》めこみ、水分を火山灰《かざんばい》にすいこませる。肉のうまみが濃《こ》くて、あぶって食べるととてもおいしい。特に鶏肉《とりにく》のせせりがぼくの好物である。こうやって書いて

▲栗原《くりはら》市内のモチ屋さん。いろいろな種類のモチがならんでいる。

いるだけでお腹《なか》がへってくる。そこで、今度はモチを紹介《しょうかい》しよう。

【栗原《くりはら》市のモチ文化】　**栗駒山麓《くりこまさんろく》ジオパーク**（宮城県）の栗原《くりはら》市民はモチ好きである。結婚式《けっこんしき》でもお葬式《そうしき》でもイベントでもモチを食べる。市内のお餅屋《もちや》さんには、十数種類のモチがならんでいてとても楽しい。モチと大地との関係は今のところよくわからない。でも、それぞれのジオパークでの人々のくらしを体験することも、ジオパークの楽しみの一つなのである。さて、ジオフードの中でも、ぼくの一番のおすすめは伊豆《いず》半島ジオパークのジオガシである。

【ジオガシ】　**伊豆《いず》半島ジオパーク**（静岡県）のジオガシは、さまざまな地層《ちそう》そっくりにつくられたお菓子《かし》である。じつに本物とよく似《に》ていて、しかもおいしい。そして、そのお菓《か》子《し》を持ってジオサイトを訪《おとず》れると、さらに楽しいのである。お菓子《かし》のパッケージには宝物《たからもの》

▲手前がジオガシ、下が本物の柱状節理《ちゅうじょうせつり》。ジオガシは形がおもしろいだけでなく、とてもおいしいのでおすすめである。

の地図のような紙が入っていて、ちゃんと地《ち》層《そう》のある場所にたどり着けるようになっているのだ。ジオサイトに行き、記念写真を撮《と》ろう。もちろんジオガシを手に持って。

さて、ジオパークがどうして楽しいかわかったかな？　いろいろな楽しみ方があることがわかっていただけたろうか？　さあ、みなさん！　ジオパークへ行こう！　でこぼこな大地の上を歩き、いろいろなものを見て、食べて、感じて、地球を発見しよう！

◆ジオパークで災害《さいがい》に強くなる

【東日本大震災《だいしんさい》の津波《つなみ》】 東日本大震災《だいしんさい》は、地球が起こした巨大《きょだい》な自然災害《さいがい》だ。東日本大震災《だいしんさい》のもとになった地震《じしん》は「平成23年（2011年）東北地方太平《たいへい》洋沖地震《ようおきじしん》」とよばれ、2011年3月11日の14時46分に起こった。

　この地震《じしん》のマグニチュードは9・0もある。マグニチュードとは地震《じしん》の発生するエネルギーの大きさをあらわす数字である。では、マグニチュードが「9・0」とはどういうことだろう？　6000名以上の方がなくなった阪神《はんしん》・淡路大震災《あわじだいしんさい》（1995年）を起こしたマグニチュード7・3の地震《じしん》と比《くら》べてみよう。9・0と7・3*という数字を見ても、あまり大きな差があるような感じはしない。でも、計算してみると、マグニチュード9・0の地震《じしん》のエネルギーは、マグニチュード7・3の地震《じしん》のエネルギーの千数百倍もあるのだ。東北地方太平洋沖地震《たいへいようおきじしん》がいかに巨大《きょだい》な地震《じしん》かわかるだろう。二つの地震《じしん》のエネルギーをボールの大きさ（体積）であらわすとこんな感じだ。マ

▲東日本大震災《だいしんさい》（左）と、阪神《はんしん》・淡路大震災《あわじだいしんさい》（右）を起こした地震《じしん》のイメージ。2つの地震《じしん》のエネルギーはバランスボールとテニスボールくらいのちがいがあるのだ。

グニチュードが1大きくなると、地震《じしん》のエネルギーの大きさは約32倍になるのである。

この地震《じしん》は、太平洋プレートが日本の下に向かってもぐりこむところ（日本海溝《かいこう》）で起きた。太平洋プレートは年間10センチメートルくらいの速さで日本の下にもぐりこんでいるが、ふだんは日本の側のプレートとくっついている。だんだんとプレートがもぐりこんでいくと、やがてプレートのくっついたところには大きな力が加わるようになる。日本の側のプレートがだんだんゆがんでくるからだ。やがてこの力に耐《た》えきれなくなると、くっついた部分はこわれ、二つのプレートはずれて、地震《じしん》が起こる。東北地方太平洋沖地震《たいへいようおきじしん》では、このずれが海底近くの浅いところでもおきた。そのため海底の形が変わった。❶

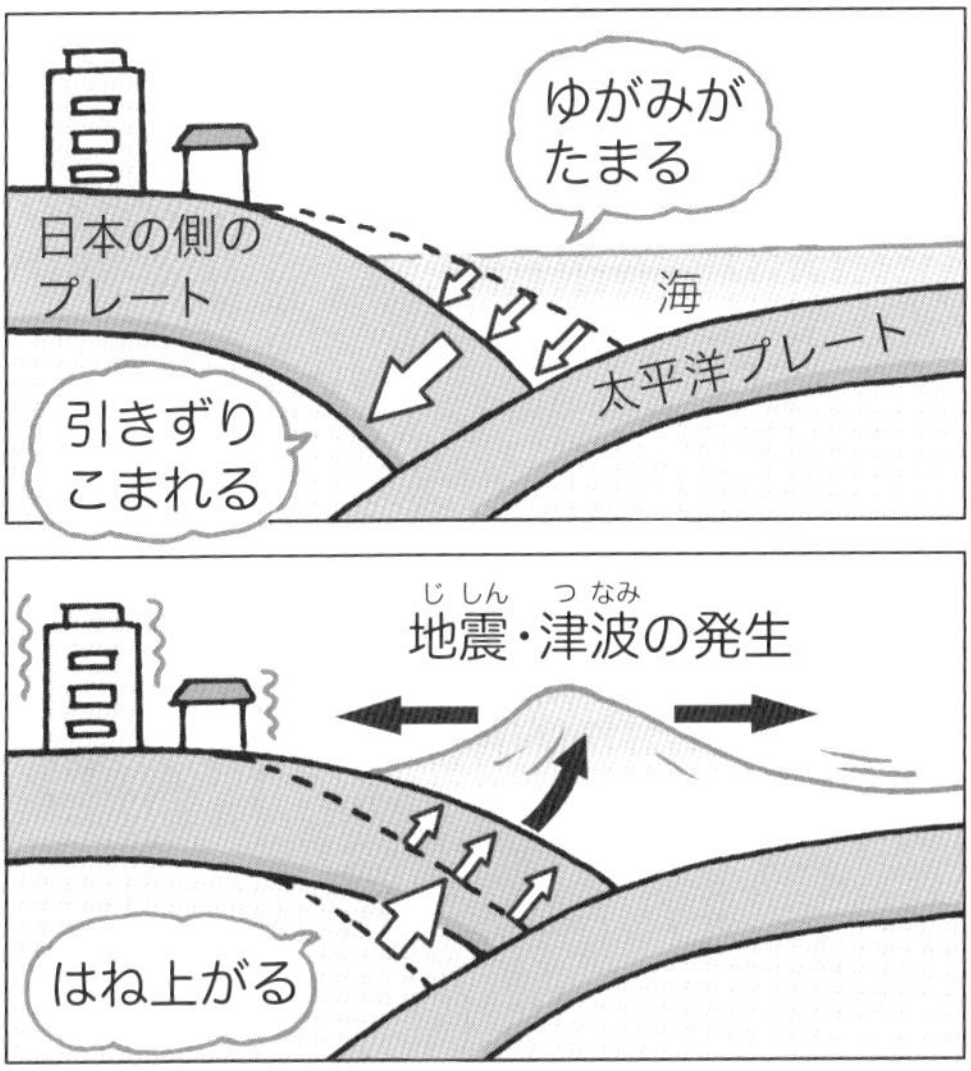

▲東日本大震災《だいしんさい》を起こしたプレートの動き。

＊2つの地震《じしん》のマグニチュードの計算方法は、少し異《こと》なる。

❶ 津波《つなみ》の実験はお風呂《ふろ》でできる。かたい下敷《したじ》きをお風呂《ふろ》の水の中に沈《しず》め、水平にしたまま両手で一気に持ち上げる。すると水面がもりあがり、波が起きる。この実験は大木聖子《おおきさとこ》著『地球の声に耳をすませて　地震《じしん》の正体を知り、命を守る』（くもん出版《しゅっぱん》）に書いてある。地震《じしん》や津波《つなみ》について勉強するなら、この本が一番！

このように海底の地形が突然《とつぜん》変わってしまうと、海面の形も変わってしまう。海底がもりあがったり、へこんだりするのと同じように、海面ももりあがったり、へこんだりするのである。海水はもとの平らな形にもどろうとする。そのとき起こった波が伝わってきたのが、津波《つなみ》である。

この津波は、東北日本の太平洋側にもやってきた。壁《かべ》のような水のかたまりが海岸近くの町や村をおそった。巨大《きょだい》な津波《つなみ》は、最大で高さ40メートルのところまでやってきた。その結果、2万人近くの死者・行方《ゆくえ》不明者が発生した。たとえば、岩手県釜石市《かまいし》だけでも1000人以上の方がなくなったのである。

【火山噴火《ふんか》と地震《じしん》】　このように大きな地震《じしん》が起きると、東日本のいろいろな火山に影響《えいきょう》があると考えられている。20世紀から21世紀にかけての地球を見わたすと、東北地方太平洋沖地震《たいへいようおきじしん》と同じくらいの大きさの巨大地震《きょだいじしん》が4回❶起きている。そして、そのたびに近くの火山でいくつかの噴火《ふんか》が起きているのだ。

東日本大震災《だいしんさい》のあと、63名もの犠牲者《ぎせいしゃ》を出した2014年の御嶽山《おんたけさん》の噴火《ふんか》や、大きな騒《さわ》ぎになった2015年の箱根《はこね》火山の噴火《ふんか》などが起こっている。今後も、噴火《ふんか》は東日本のどこかの火山で起こるだろう。もっと大規模《だいきぼ》で本格《ほんかく》的《てき》な噴火《ふんか》が起こる可能性《かのうせい》もある。

今後の数十年間、日本列島は地震《じしん》や火山噴火《ふんか》が多く発生する状況《じょうきょう》になってしまったと、ぼくは思う。これからの時代は災害《さいがい》にあっても自分の身を守れるように、災害《さいがい》についてよく知っておく必要がある。

❶ カムチャッカ地震《じしん》（1952年）、チリ地震《じしん》（1960年）、アラスカ地震《じしん》（1964年）、スマトラ沖地震《おきじしん》（2004年）である。

では、どうすればいいのだろうか？

じつは、そのためにもジオパークは役に立つ。ジオパークでは、自然災害《さいがい》とそれをひき起こす地球の両方を知ることができ、災害《さいがい》に強くなることができるのだ。

▲噴石《ふんせき》で穴《あな》だらけになった洞爺湖幼稚園《とうやこようちえん》。

▲雲仙岳《うんぜんだけ》の火砕流《かさいりゅう》でこわされた小学校。

【火山噴火《ふんか》に強くなれるジオパーク】　火山噴火《ふんか》に強くなるためのジオパークをいくつか紹介《しょうかい》しよう。

洞爺湖有珠山《とうやこうすざん》ジオパーク（北海道）では、有珠山《うすざん》の2000年の噴火《ふんか》でできた、たくさんの火口が保存《ほぞん》されている。歩いてまわれるようになっているので、ぜひ見学しよう。この噴火《ふんか》では大きな噴石《ふんせき》がたくさん落ちてきた。コンクリートの屋根が穴《あな》だらけになった洞爺湖幼稚園《とうやこようちえん》もそのまま保存《ほぞん》されている。壁《かべ》に突《つ》き刺《さ》さった石もそのまま残されている。よく見ると幼稚園《ようちえん》の庭には大きな穴《あな》があいている。これは大きな石がぶつかってできた穴《あな》なのである。これらの石は500メートルほど上にふき上げられてから落ちてきたので、たいへんな勢《いきお》い

▲噴煙《ふんえん》を上げる桜島《さくらじま》。なんと60年間も噴火《ふんか》が続いているのだ。

があったのだ。また、洞爺湖有珠山《とうやこうすざん》ジオパークの火山マイスターのみなさんはとても噴火《ふんか》にくわしいので、いろいろなことを教えてくれるだろう。

島原《しまばら》半島ジオパーク（長崎県）では、1991年の火砕流《かさいりゅう》によってこわされた小学校がそのまま保存《ほぞん》されている。また、雲仙岳災害《うんぜんだけさいがい》記念館ではこの噴火《ふんか》のことがくわしく説明されている。ここの「平成大噴火《だいふんか》シアター」はぜひ見よう。たいへんな迫力《はくりょく》だ。なお、展示《てんじ》スペースの中にあるサイエンスステージでは、毎日火山実験が行われている。

桜島《さくらじま》・錦江湾《きんこうわん》ジオパーク（鹿児島県）の桜島《さくらじま》は現在《げんざい》（2015年11月）も噴火《ふんか》が続いている。活火山《かっかざん》の「西の横綱《よこづな》」❶とも言える元気な火山である。生きている火山を見るのであれば、このジオパークが一番である。

霧島《きりしま》ジオパーク（宮崎県・鹿児島県）では、2011

年1月に起きた新燃岳《しんもえだけ》の噴火《ふんか》の跡《あと》を見ることができる。ここのガイドのみなさんは噴火《ふんか》の時に、住民を守るために活躍《かつやく》した人たちでもある。きっといろいろなお話が聞けると思う。火山弾《かざんだん》の落下地点に案内してもらうと、きっとびっくりすると思う。2011年の新燃岳《しんもえだけ》の噴火《ふんか》では、大きな火山弾《かざんだん》が3キロメートル以上離《はな》れた新湯温泉《しんゆおんせん》の近くまで飛んできたのだ。火山弾《かざんだん》は、飛行中のジェット機くらいの速度で、火口から飛び出したと考えられている（東京大学の前野《まえの》深《ふかし》博士らの論文《ろんぶん》による）。

▲火山弾《かざんだん》。これは1984年に桜島《さくらじま》が噴火《ふんか》した時のもので、約4t（推定《すいてい》）もの重さがある。

また、霧島《きりしま》ジオパークのガイドのみなさんは植物や動物にもくわしいので、噴火《ふんか》以外にもお話が聞けておもしろい。

【地震《じしん》による大地の変化を見よう！】

日本のジオパークには、地震《じしん》を起こしたことのあるたくさんの活断層《かつだんそう》がある。断層《だんそう》のつくった地形は、島原《しまばら》半島ジオパーク、**山《さん》陰《いん》海岸ジオパーク**（京都府京丹後《きょうたんご》市の郷村断層《ごうむらだんそう》）などで観察できる。また、地震《じしん》によって土地がもりあがることがある。そのような地形は**八峰白神《はっぽうしらかみ》ジオパーク**（秋田県）や**鳥海《ちょうかい》山《さん》・飛島《とびしま》ジオパーク構想《こうそう》**（秋田県・山形県）の象潟《きさかた》で見ることができる。

山地の直下で地震《じしん》が発生した時には、地すべりやがけ崩《くず》れが起こることがある。ぜ

❶東の横綱《よこづな》は、洞爺湖有珠山《とうやこうすざん》ジオパーク（北海道）の有珠山《うすざん》である。

▲荒砥沢《あらとざわ》地すべり。東京ドーム 50 杯分《ぱいぶん》をこえる、7000 万 m^3 の土砂《どしゃ》が動いた。この地すべりでできた斜面《しゃめん》の長さは 1.3km にもおよぶ。

▲郷村断層《ごうむらだんそう》。1927 年に起きた北丹後地震《きたたんごじしん》によって、矢印のような地層《ちそう》のくいちがいができた。この断層《だんそう》は天然記念物に指定されている。

ひ**栗駒山麓《くりこまさんろく》ジオパーク**（宮城県）に行って、岩手宮城内陸地震《じしん》（2008年）の時に起こった荒砥沢《あらとざわ》地すべりを見てほしいと思う。きっとあまりのすごさにびっくりして「うわあ」とか「おお」とか、そんな言葉しかでてこないと思う。

また、ジオパークではないが、兵庫県神戸《こうべ》市の「人と防災《ぼうさい》未来センター」に行くと、地震《じしん》のことがよくわかり、地震《じしん》に強くなれる。ぜひ、ここの語り部さんたち（阪神大震災《はんしんだいしんさい》の体験者）のお話を聞こう。

【ジオパークに行って津波《つなみ》に強くなろう】 津波《つなみ》に強くなるためには、どのジオパークに行ったらいいだろう？ おすすめしたいのは、**八峰白神《はっぽうしらかみ》ジオパーク**、**男鹿《おが》半島・大潟《おおがた》ジオパーク**（秋田県）と**三陸《さんりく》ジオパーク**（青森県・岩手県・宮城県）である。

八峰白神《はっぽうしらかみ》ジオパークのある秋田県八峰町《はっぽうちょう》では、日本海中部地震《じしん》（1983年）の津波《つなみ》により大きな被害《ひがい》があった。ここでは、ジオガイドの方から地震《じしん》や津《つ》波《なみ》のときのお話を聞ける。また、男鹿《おが》半島・大潟《おおがた》ジオパークの男鹿《おが》半島西海岸にある加茂青砂《かもあおさ》には、日本海中部地震《じしん》の津波《つなみ》で遭難《そうなん》した小学生たちの慰霊碑《いれいひ》が建っている。

三陸《さんりく》ジオパークでは、学ぶ防災《ぼうさい》（岩手県宮古《みやこ》市田老《たろう》）

▲津波《つなみ》で遭難《そうなん》した小学生たちの慰霊碑《いれいひ》。

▲三陸《さんりく》ジオパークの津波石《つなみいし》（岩手県田野畑村《たのはたむら》）。重さ 20t（推定《すいてい》）、海岸から 360m も離《はな》れた場所にある。1896 年の明治三陸地震《めいじさんりくじしん》の津波《つなみ》によるものとされる。

▲南紀熊野《なんきくまの》ジオパークにある、和歌山県串本町《くしもとちょう》の海岸の津波石《つなみいし》。この石の分析《ぶんせき》などによって、大きな津波《つなみ》がいつ、この地域《ちいき》をおそったかがわかってきている。

プログラムの方や、岩泉町《いわいずみちょう》（岩手県）の被災地《ひさいち》ガイドの方から、東日本大震災《だいしんさい》のお話を聞くことができる。実際《じっさい》に津波《つなみ》を体験した人からお話を聞くことは、映像《えいぞう》を見たり、本を読んだりする経験《けいけん》とはまったくちがっている。災害《さいがい》のことが心からよくわかるのだ。津波《つなみ》に強くなることまちがいなしである。もちろん、三陸《さんりく》ジオパークに行ったら、東日本大震災《だいしんさい》による災《さい》害《がい》のあとや復興《ふっこう》のようすも見てほしい。津波《つなみ》でこわされたビルや、津波《つなみ》で運ばれてきた津波石《つなみいし》を見ると、津波《つなみ》の持つ大きな力がよくわかると思う。なお、**南**《なん》**紀熊野**《きくまの》**ジオパーク**（和歌山県）でも、津波石《つなみいし》を見ることができる。津波石《つなみいし》や、津波《つなみ》の地層《ちそう》の研究などにより、この地域《ちいき》には400～600年ごとに大きな津《つ》波《なみ》が来ていたことがわかってきている。

また、三陸《さんりく》ジオパークに行ったら、その土地の魅《み》力《りょく》も味わってほしい。ドラマ「あまちゃん」にでてきた岩手県久慈《くじ》市のコハク、田野畑村《たのはたむら》の鉱物《こうぶつ》や化石、ジオフードの「5地層丼《ごちそうどん》」、岩泉町《いわいずみちょう》のモシ竜《りゅう》やアンモナイトの化石、大船渡《おおふなと》市のホタテバーガー、陸前《りくぜん》高田《たかた》市のお菓子工房木村屋《かしこうぼうきむらや》の「夢《ゆめ》の樹《き》バウム」、宮《みや》古《こ》市の浄土ヶ浜《じょうどがはま》海岸など、いろいろなジオサイトやおいしいものがある。三陸《さんりく》の復興《ふっこう》のためにもぜひ訪《おとず》れてほしいと思う。

一つだけみなさんにお願いしたいこと。三陸《さんりく》ジオパークに住んでいる方々には、東日本大震災《だいしんさい》で大事な家族をなくした方が多い。そのような方は、何年たっても地震《じしん》や津波《つなみ》のことは思い出したくないはずである。そのような方には無理にお話を聞かないこと。また、みなさんにむかって積極的にお話ししてくれる人は、たいへんな努力をして、みなさんのために話してくれるのである。しっかり、お話をお聞きしよう。そして、災害《さいがい》に強くなろう。

あとがき

この本は子どもむけのジオパークの本だ。日本全国のジオパークから選び出した子どもむけのジオサイトを、火山学者であり地球科学者でもあるぼくが案内するのである。この広い世界のどこを探《さが》してもそんな本を書いた人はいないと思うし、ぼくの知っている範囲《はんい》には、そのような本は存在《そんざい》しない。

このような新しい本を書くにあたって、ぼくが自分に問いかけたことが2つあった。第一にジオパークの「何を書くべきか？」、第二にそれらを「どう書くか？」、この2つである。

【ジオパークの「何を書くべきか？」】 2015年現在《げんざい》、日本には39ものジオパークがある。数年前から比《くら》べるとずいぶん数がふえた。しかしながら、日本のジオパーク活動は始まったばかりであり、いろいろな課題があるのもたしかである。

その中でもぼくが気になるのは、ジオパークにやってきたお客さんが「ジオパークで見たいもの」と、ジオパーク側が「見せたいもの」との間に、時々ずれが見られることである（最近、そのずれはやや少なくなってきてはいる）。ぼくは子どものみなさんをジオパークにお誘《さそ》いし

たいのだが、子どもが見たいと思うものがなければ、ジオパークに来てもらったり、リピーターになってもらうのはなかなかむずかしそうだ。

そのずれを少しでも小さくするために、子どもたちが「ジオパークで見たいもの」を中心にして本を書くことにした。というわけで、子どもになったつもりで、子どもたちが見たいものを紹介《しょうかい》することにしたのである。

そのために、子どもから見て、おもしろいと思えるジオサイトやジオストーリーをさがし出してみた。日本のジオパーク関係者のみなさまには、今後、子ども向けのガイド活動やジオツアーをふやしていただきたいと思う。もし、『ジオパークへ行こう！』の第2作を出すとしたら、そのような新しいものを取り入れていきたい。

【ジオパークの本を「どう書くか？」】

この本の読者の子どものみなさんがおとなになった時、あなたは誰《だれ》も書いたことのないような新しい本を書くことになるかもしれない。そんな時のために、ぼくの発見した、本を書くためのちょっとしたコツをお教えしよう。

この本を書いている時、こんなことがよくあった。1文字も書きこんでいない空白のコンピュータのモニターを目の前にして、ぼくは困《こま》っているのである。どんなふうに書いたらいいのか、何から書きはじめていいのか、さっぱりわからない。そんな時どうするか？

【紙に落書き】　じつは役に立ったのは「紙」である。ぼくはいつもノートパソコンを持っていて、それを使って文章を書いている。でも、迷《まよ》った時にたよりになるのは紙なのだ。紙の上に落書きのような図を書く。すると、頭の中にぼんやりと雲のようにあった、とりとめのない考えが、しだいに形になってまとまりはじめるのである。こうなれば、本を書きはじめるのはかんたんだ。そんなぼくの図を1枚《まい》お見せしよう。この図では、言葉あるいは短い文章が書きつけてあり、関係のありそうな言葉と言葉が線で結ばれている。こんな図を書くと、だいたい何をどう書いていけばよいのかわかるのである。本を書くための設計図《せっけいず》ができたのだ。

ここまでできたら、図をながめ、どこがいちばんおもしろそうで、どこをいちばん読者の方がよろこんでくれそうか探《さが》すのである。そして、そこから書きはじめ、あとは線をたどって、順番に書いていく。このようにすると、とてもスラスラと文章を書きすすめることができるのだ。

【たくさんの論文《ろんぶん》や本】　この本を書くにあたっては、ずいぶんたくさんの論文《ろんぶん》や本を参考にした。論文《ろんぶん》を書くのは苦しい作業なのであるが、他の研究者の方々が書いた論文《ろんぶん》を読むのはじつに楽しい。おそらくぼくはこの本を書くために数百の論文《ろんぶん》を読んだにちがいない。どのように調べてこの本を書いたか、パッと開いたページで説明しよう。

今、ぼくが開いたのは第3章の84ページ。伊江島《いえじま》のニャティヤ洞《ガマ》のところだ。3行目の「川

あとがき

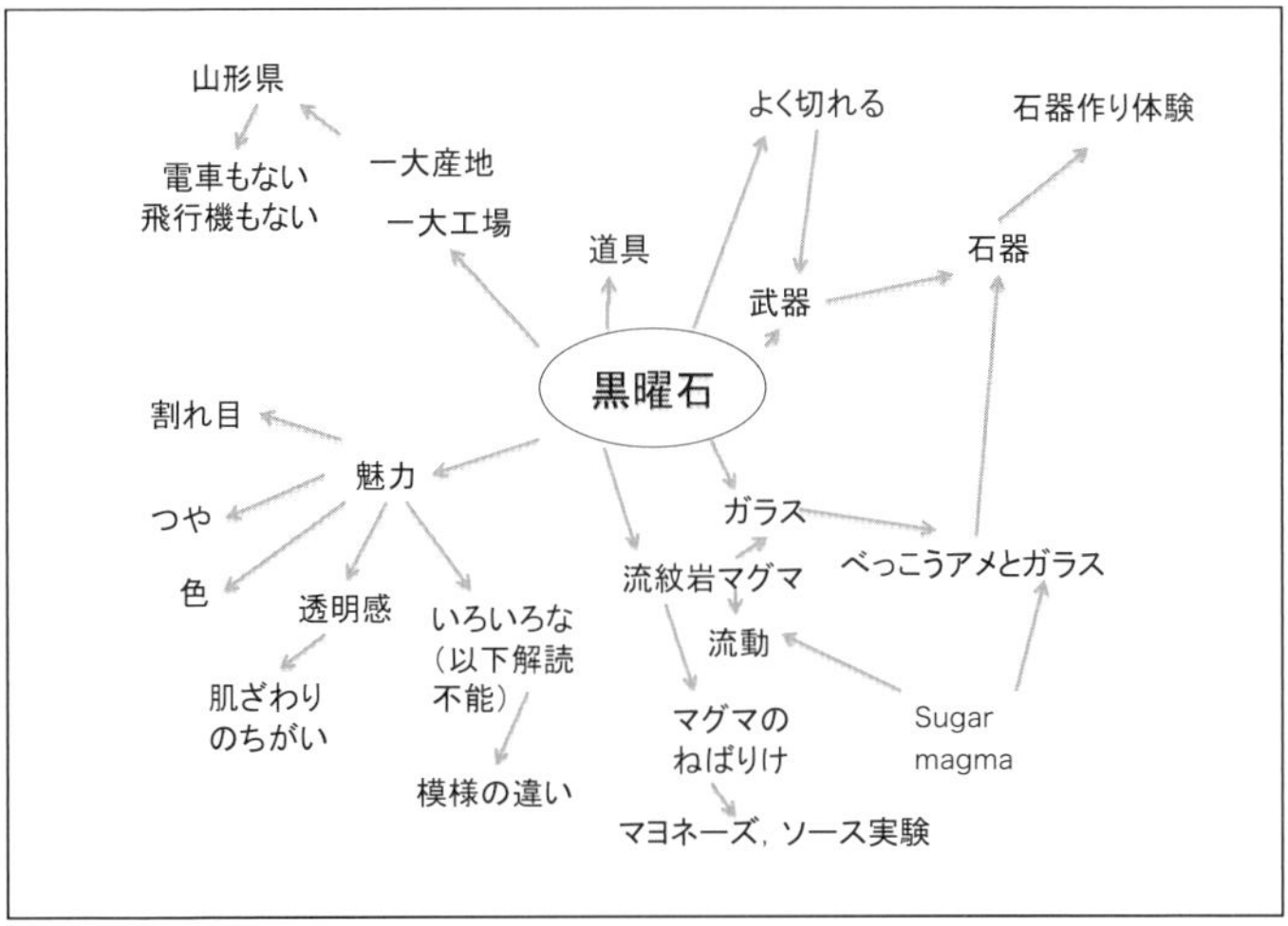

▲第１章のための設計図《せっけいず》。手書きだとわかりにくいので、パソコンで再現《さいげん》してみた。このような図をイメージマップという。

がない」をたしかめるために、地形図とグーグルアースで本当に伊江島《いえじま》には川がないかどうか1時間ほど調べた。「雨はたくさん降《ふ》る」というところでは、伊江島《いえじま》の降水量《こうすいりょう》をインターネットでたしかめた。石灰岩《せっかいがん》が水に溶《と》けることについてもいくつかの論文《ろんぶん》を読んだ。伊江島《いえじま》で水が手に入りにくいことや、水を手に入れる方法については、島袋清徳《しまぶくろせいとく》氏の「伊江島《いえじま》における水確保《みずかくほ》と農業振興《しんこう》」という論文《ろんぶん》を読んで参考にした。琉球《りゅうきゅう》列島ジオサイト研究会が2012年に発行した「島々のジオツアー—伊江島《いえじま》が語る地球の営《いとな》み—」というパンフレットは、書き始めから書き終わりまでじっくりと参考にした。

次にでてくる、ニャティヤ洞《ガマ》についてはず

いぶん苦労した。この洞《どう》くつがどうできたか、なかなかわからなかったのだ。論文《ろんぶん》をいくつかあたっても、ほとんど何も書いていない。琉球《りゅうきゅう》大学の尾方隆幸《おがたたかゆき》さんに質問《しつもん》して、洞《どう》くつのできかたはわかった。でも、たくさんのデータを集めて研究したニャティヤ洞《ガマ》の研究論文《ろんぶん》がみつからなかったのだ。

そのように困《こま》っていたところ、2015年の秋に、日本大学名誉《めいよ》教授《きょうじゅ》の小元久仁夫《おもとくにお》先生によるニャティヤ洞《ガマ》の論文《ろんぶん》が出たのである！　先生から論文《ろんぶん》が送られてくるのを心待ちにして、夜中の1時間で一気に読んだ。じつに楽しい体験だった。勉強ってほんとうに楽しいと感じた幸せな1時間である。84ページの後ろから2行目から85ページの4行目までは、こうして完成した。

【たくさんのお世話になった方々へ御礼《おれい》】

さて、このようにしてこの本はできあがってきた。この本を書くにあたっては、たくさんの論文《ろんぶん》を参照した。子ども向けの書籍《しょせき》であり、紙幅《しふく》も限《かぎ》られているため、そのすべてを参考文献《ぶんけん》としてあげることはできない。ぼくのオリジナルな成果は一部であり、この本の多くの部分は他の研究者の論文《ろんぶん》や著書《ちょしょ》をもとにしてできあがっている。本書の内容《ないよう》を引用される場合は、著者《ちょしゃ》のぼくまで連絡《れんらく》を取っていただきたい。その部分の参考文献《ぶんけん》を詳細《しょうさい》にお教えするので、そちらを引用していただきたい。もっとも重要な参考文献《ぶんけん》は本文の注に本の紹介《しょうかい》の形で掲載《けいさい》し、代表的な参考文献《ぶんけん》については巻末《かんまつ》の付録《ふろく》に掲載《けいさい》した。

【特にお世話になった方々】　この本を書くにあたっては多くの方にご助言やご支援《しえん》をいただいた。この本の多くの部分は、ぼくの専門《せんもん》の火山の話ではない。したがって、これらの方々のご協力がなければ**絶対に**この本は完成しなかった。

この本の執筆《しっぴつ》にあたり、たくさんの方にご協力いただいた。その中でも特にお世話になった方をあげていきたい。

完成前の原稿《げんこう》をお読みいただき、コメントをいただいた方は次の通り：白滝《しらたき》ジオパークの熊《くま》谷誠《がいまこと》氏、天草《あまくさ》市立御所浦白亜紀資料館《ごしょうらはくあきしりょうかん》の鵜飼宏明《うがいひろあき》氏、琉球《りゅうきゅう》大学教育学部の尾方隆幸《おがたたかゆき》氏、美《み》祢《ね》市立秋吉台《あきよしだい》科学博物館の藤川将之《ふじかわまさゆき》氏、糸魚川《いといがわ》ジオパークの宮島宏《みやじまひろし》氏、福山《ふくやま》市立大学の澤田《さわだ》結基《ゆうき》氏。この方々にはほかにもさまざまなご教示《きょうじ》、ご助言をいただいている。もちろんこの本に誤《あやま》りがあったとしたら、それはすべて著者《ちょしゃ》の責任《せきにん》である。

また、さまざまなご教示《きょうじ》をいただいた方は次の通り：木村英明《きむらひであき》・白滝《しらたき》ジオパーク交流センター名誉《めいよ》館長（たいへん貴重《きちょう》な写真もご提供《ていきょう》いただいた）、浅間縄文《あさまじょうもん》ミュージアムの堤 隆《つつみたかし》氏（黒《こく》曜石《ようせき》の移動《いどう》についてのご教示《きょうじ》）、天草《あまくさ》市立御所浦白亜紀資料館《ごしょうらはくあきしりょうかん》の廣瀬浩司《ひろせこうじ》氏（御所浦《ごしょうら》の化石についてのご教示《きょうじ》。多数の写真もご提供《ていきょう》いただいた）、三笠《みかさ》市立博物館（当時：現在《げんざい》は北海道博物館）

の栗原憲一《くりはらけんいち》氏（アンモナイトに関するご教示《きょうじ》）、神奈川県立生命の星・地球博物館の笠間友博《かさまともひろ》氏（実験に関するご教示《きょうじ》）、然別湖《しかりべつこ》ネイチャーセンターのネイチャーガイドの松本宏樹《まつもとひろき》氏（ナキウサギについてのご教示《きょうじ》）。

また、現地《げんち》での調査《ちょうさ》にあたっては、次のみなさんにお世話になった：湖畔《こはん》の宿 洞爺《とうや》かわなみの川南恵美子《かわなみえみこ》氏、Ｍｉｎｅ《みね》秋吉台《あきよしだい》ジオパーク推進協議会《すいしんきょうぎかい》の小原北士《おばらほくと》氏・山縣智子《やまがたともこ》氏、阿蘇《あそ》火山博物館の池辺伸一郎《いけべしんいちろう》氏、とかち鹿追《しかおい》ジオパーク推進協議会《すいしんきょうぎかい》の舟越洋二《ふなこしようじ》氏および大西潤《おおにしじゅん》氏、ＮＰＯ《エヌピーオー》法人・桜島《さくらじま》ミュージアムの福島大輔《ふくしまだいすけ》氏、ＮＰＯ《エヌピーオー》法人まちこん伊東《いとう》の田畑《たばた》みなお氏、田畑《たばた》朝恵《あさえ》氏、南紀熊野《なんきくまの》ジオパーク推進協議会事務局《すいしんきょうぎかいじむきょく》の橋爪正樹《はしづめまさき》氏、豊後大野《ぶんごおおの》市歴史民俗資料館《みんぞくしりょうかん》の豊田徹士《とよたてつし》氏、栗原《くりはら》市産業経済部《さんぎょうけいざいぶ》ジオパーク推進室《すいしんしつ》の佐藤英和《さとうひでかず》氏。

裏表紙《うらびょうし》の写真撮影《さつえい》に使用した島ぞうりは、ＴａｚＶｉｅｗ《たずびゅー》に作成していただいた。ちなみに島ぞうりに記されている「とんちー」は家族内でのぼくの呼《よ》び名である。ジオパークへの旅行は、家まで無事に「帰る」ことが大事なので、「カエル」のデザインにしていただいた

また、「はじめに」にもあるように、小学生のみなさんの授業《じゅぎょう》での反応《はんのう》は、たいへん参考になったし、授業《じゅぎょう》の時のみなさんのつぶやきや感想も参考になった。たとえば、黒曜石《こくようせき》の貝殻状《かいがらじょう》の割《わ》れ目に使った「シマシマのでこぼこ」という表現《ひょうげん》は、北海道遠軽町《えんがるちょう》の小学生の方のことばであ

る。おとなには思いつけないことばなのだが、黒曜石の特徴《とくちょう》がじつによくわかる。

また、ぼくは秋田大学教育文化学部附属《ふぞく》小学校の校長でもある。附属《ふぞく》小学校の５５０人の子どもたちは、いつもいろいろな質問《しつもん》をしてくれるが、それがたいへん参考になった。また、この学校には授業《じゅぎょう》名人の先生がたくさんいる。授業内容《じゅぎょうないよう》、子どもへの教え方、どちらもたいへん参考になった。いつも授業中《じゅぎょうちゅう》の教室を訪《おとず》れるのは、視察《しさつ》のためではなく、ぼくの勉強のためだったのである。小学校の勉強は、おとなのぼくにもとても役に立つ。

小峰《こみね》書店編集部《へんしゅうぶ》の渡邊航《わたなべこう》さん、伊藤素樹《いとうさき》さん、編集者《へんしゅうしゃ》の戸谷龍明《とたにたつあき》さんにはたいへんお世話になった。これらのみなさんのプロフェッショナルなアドバイスは、この本の完成度を高めるために欠かせないものだった。本を執筆《しっぴつ》するのは編集部《へんしゅうぶ》との共同作業ということを、強く感じた。また、イラストレーターの川野郁代《かわのいくよ》さんとは、『世界一おいしい火山の本』に続き、今回もコンビを組ませていただいた。本書が子どもにとってわかりやすいとしたら、その多くの部分は川野《かわの》さんのイラストのおかげである。

この本を書くにあたっては、家族のみんなにもいろいろと貢献《こうけん》してもらっている。たとえば、「はじめに」の最初にある金星の話。小学生の時の天体観測《かんそく》で、「金星から地球を見るとあんなに小さく見えるんだ」と、ぼくの子どもがつぶやいたこと（きっと不安に感じたのだろう）をヒントに「はじめに」を書いた。また、ソフトクリームや伊江牛《いえぎゅう》や日本酒についてはおとなになってすっかりグルメになった子どもたちからも教えてもらった。そして、いつもいっしょに楽しく遊んでくれる妻《つま》には特別に感謝《かんしゃ》したい。遊びで行ったはずの伊江島《いえじま》がいつのまにか本の一部になってしまっているのは、少し申《もう》し訳《わけ》ないような気がするので、また妻《つま》とどこかに遊びに行こうと思うのだが……きっとそこでも「地球を発見して」本に書いてしまうような気がする、ぼくなのである。

さて、感謝《かんしゃ》の気持ちはいろいろな方々につきないが、そろそろこの辺にしておこう。以上のみなさまに、銀河系《ぎんがけい》の星の数よりも多くの、そしてマリアナ海溝《かいこう》よりも深い感謝《かんしゃ》をささげます。

参考文献・写真提供者一覧

……ジオパークをテーマに本を書くために、たくさんの論文や本を参考にした。そのすべてを記すことはできないが、代表的なものだけここにあげさせていただきたい。なお、重要な参考文献は脚注や注の形で本文中に書いてある。こうした方々の研究の結晶である論文や本なしには、この本は決して完成しなかった。また、お忙しいなか、貴重な写真をこころよく貸してくださった方々にも、ここに感謝の意を申し述べたい。

はじめに

【写真】地球と金星（p. 7）…NASA 提供▽阿蘇ジオパーク・中岳の火口（p. 9）…熊本県提供▽ジオガイドさんの引率（p.13）…白滝ジオパーク提供

ウォーミングアップ！

【参考文献】日本地質学会構造地質部会『日本の地質構造１００選』(朝倉書店，2012 年)
【写真】水平な地層（p.20）…川村信人・北海道大学大学院准教授提供

1 黒曜石は銀河の輝き

【参考文献】木村英明著『北の黒曜石の道・白滝遺跡群』(新泉社、2005 年) ▽小畑弘己著『シベリア先史考古学』(中国書店、2001 年) ▽堤隆著『ビジュアル版 旧石器時代ガイドブック（シリーズ「遺跡を学ぶ」別冊）』(新泉社，2009 年) ▽堤隆著『列島の考古学　旧石器時代』(河出書房新社，2011 年) ▽堤隆著『黒曜石 3 万年の旅』(NHK ブックス，2004 年)
【写真】赤石山山頂広場の黒曜石（p.28）…白滝ジオパーク提供▽昔の人の石器（p.38）…遠軽町提供▽野牛の肩の骨に刺さったヤリ（p.40）…木村英明・白滝ジオパーク交流センター名誉館長提供

2 恐竜の島を訪ねよう

【参考文献】嶋村清編『御所浦の地質』(御所浦町全島博物館構想推進協議会，1997 年)
【写真】肉食恐竜の歯の化石・恐竜の足あと化石（p.52）／化石とり体験・とれる化石（p.67）／は虫類ないし恐竜のヒフのあとの化石（p.69）…いずれも天草市立御所浦白亜紀資料館提供▽恐竜の歯の化石（p.70）／フクイラプトルの全身骨格の化石（p.71）…いずれも福井県立恐竜博物館提供

3 沖縄のビーチで星砂さがし、そして洞くつ探検！

【参考文献】尾方隆幸（2013）学校教育における伊江島バーチャルジオツアーの実践．琉球大学教育学部教育実践総合センター紀要，No.20, 213-217. ▽琉球列島ジオサイト研究会『島々のジオツアー －伊江島が語る地球の営み－』(琉球列島ジオサイト研究会・本部半島ジオパーク推進協議会, 2012 年) ▽藏本隆博 (2013) 秋吉台鍾乳洞と雨乞．山口県地方史研究，No.109, 39-52. ▽藤川将之，石田麻里（2012）秋吉台北部景清穴から産出したゾウの歯化石について．山口ケイビングクラブ会報，No.47, 17-18. ▽磯﨑行雄，丸山茂徳，青木一勝，中間隆晃，宮下敦，大藤茂（2010）日本列島の地体構造区分再訪―太平洋型（都城型）造山帯構成単元および境界の分類・定義―．地学雑誌，119, 999-1053. ▽木村 学・大木 勇人『図解・プレートテクトニクス入門』(ブルーバックス，2013 年) ▽木村学著『プレート収束帯

のテクトニクス学』(東京大学出版会，2002 年)
【写真】ナウマンゾウの歯の化石（p.89）…秋吉台科学博物館提供

宝石と蛇紋岩メランジュとキウイ

【写真】小滝川ヒスイ峡（p.107）／フォッサマグナミュージアム（p.109）…いずれも糸魚川ジオパーク提供

4 超巨大火山、スーパーボルケーノを見る

【参考文献】金原啓司（1988）秋田県栗駒北部地熱地域の岩石変質と地熱系，地質調査報告，268 号，245-262.
【写真】牧場の風景（p.111）…レークヒル・ファーム提供▽阿蘇カルデラ（p.121）…阿蘇ジオパーク推進協議会提供▽菅江真澄のかいた小安峡大噴湯（p.124）…秋田県立博物館提供

5 ナキウサギのすむ「森の中の小さな森」

【参考文献】澤田結基 , 舟越洋二 , 松本宏樹 , 出沙代 , 古賀 友子，松田倫明 , 岡澤佑介 , 遠藤海斗 , 小野有五 (2010) 鹿追小学校「地球学」の取り組みとペットボトルを用いた風穴実験 . 地理学論集 , No85, 51-56. ▽澤田結基，武田一夫，川辺百樹，藤山広武 (2011) ジオツアーに求められる工夫— 北海道の自然ガイドを対象にした試行的ジオツアーの実施結果からの提案 —. 地学雑誌 , 120, 853-863. ▽山岸宏光 (1977) 然別火山群の火砕流堆積物 . 地下資源調査所報告 , 49, 37- 48.
【写真】ナキウサギ（p.131）…然別湖ネイチャーセンター・松本宏樹さま提供

6 ジオパーク、ぼくの好きなものいろいろ

【参考文献】梅本信也，種坂英次，原田浩（2001）和歌山県古座川町「一枚岩」の巨大なヘリトリゴケ . 南紀生物 , 43,98- 101.
【写真】自分で掘れる温泉（p.142）…桜島ミュージアム提供▽洞爺湖の水中溶岩ドーム（p.143）…湖畔の宿 洞爺かわなみ・川南恵美子さま提供▽大潟富士（p.144）…大潟村提供▽三笠ジオパークのロゴマーク（p.145）…三笠ジオパーク提供▽クリームパン（p.151）…ボスケット提供▽ジオガシ（p.153）…ジオガシ旅行団提供

ジオパークで災害に強くなる

【参考文献】宍倉正展 (2013) 地形・地質記録から見た南海トラフの巨大地震・津波（南海地域の例）. 地質ニュース ,2 , No. 7, 201-204.
【写真】津波で亡くなった小学生たちの慰霊碑（p.161）…男鹿半島・大潟ジオパーク提供▽三陸ジオパークの津波石（p.162）…三陸ジオパーク提供

表紙・裏表紙写真　パラサウロロフスのモニュメント…天草市立御所浦白亜紀資料館提供▽ソフトクリーム…カントリーホーム風景提供▽阿蘇ジオパーク・中岳／日本地図…いずれも © Pixta

■著者　**林 信太郎**（はやし・しんたろう）

秋田大学教育文化学部教授・同学部附属小学校校長。理学博士。

1956年、北海道・樽前火山のふもとに生まれる。北海道大学理学部卒業。東北大学大学院博士課程後期修了。専門は火山地質学、火山岩石学。

趣味で料理をするうちに、キッチンで起こることが、さまざまな噴火の現象によく似ているのに気づいたことをきっかけに、食材を使ったおいしく楽しい数々の実験を開発。それらをまとめた著書『世界一おいしい火山の本　チョコやココアで噴火実験』（小峰書店）は大きな反響を呼び、2007年度の青少年読書感想文全国コンクール・中学校の部の課題図書となったほか、同年の産経児童出版文化賞ニッポン放送賞を受賞した。

「楽しく学んで噴火にそなえる」をモットーに、全国各地の小・中学校への「出前授業」などで、こうした「キッチン火山実験」を通じて、噴火のしくみを分かりやすく伝えてきたことが評価され、2015年には日本火山学会賞を受賞した。同賞は我が国の火山研究の分野で最も権威ある賞である。

近年は全国各地のジオパークをまわり、ジオガイドを対象とした講習会や出前授業を実施。おいしく楽しい実験を、ジオパークにおける教育活動に活用してもらえるようアドバイスしている。また、NHK「学ぼうBOSAI」などにも出演し、その活動の場を広げている。

Twitter　https://twitter.com/tonchi_hotahota?lang=ja

■イラスト　**川野 郁代**（かわの・いくよ）

イラストレーター。大分県出身。おおいた豊後大野ジオパークは地元。

早稲田大学第一文学部卒業後、1995年からイラストレーターとして活動。イラストを手掛けたおもな作品に『世界一おいしい火山の本』、谷本雄治著『ぼくは農家のファーブルだ　トマトを守る小さな虫たち』（岩崎書店、2000年度青少年読書感想文全国コンクール・小学校高学年の部課題図書）、『マジカル★ストリート』シリーズ（偕成社）など。

そのほか、日本農業新聞の連載や、医学のイラストなど、知識を楽しく、分かりやすく伝えるイラストに定評がある。

ブログ「川野郁代のイラストファイル」　http://officekawano.weblogs.jp

□装幀・デザイン　西須幸栄

□編集協力　戸谷龍明

〈自然と生きる〉

ジオパークへ行こう！　火山や恐竜にあえる旅　NDC450 175P 20cm

2015年12月25日　第1刷発行

著　者　林信太郎

イラスト　川野郁代

発行者　小峰紀雄

発行所　株式会社小峰書店　〒162-0066　東京都新宿区市谷台町4-15

電話 03-3357-3521　FAX 03-3357-1027　http://www.komineshoten.co.jp/

組版・印刷／株式会社三秀舎　　製本／小高製本工業株式会社

ISBN978-4-338-24805-1

立山黒部《たてやまくろべ》ジオパーク（富山県）
隠岐《おき》ジオパーク
（島根県）
糸魚川《いといがわ》ジオパーク（新潟県）
「宝石《ほうせき》と蛇紋岩《じゃもんがん》メランジュと
キウイ」
白山手取川《はくさんてどりがわ》
ジオパーク（石川県）
「2 恐竜《きょうりゅう》の島を訪《たず》ねよう」
恐竜渓谷《きょうりゅうけいこく》ふくい勝山《かつやま》
ジオパーク（福井県）
「2 恐竜《きょうりゅう》の島を訪《たず》ねよう」
佐渡《さど》ジオパーク
（新潟県）
山陰《さんいん》海岸ジオパーク
（京都府・兵庫県・鳥取県）
「6 ジオパーク、
ぼくの好きなものいろいろ」
「ジオパークで災害《さいがい》に強くなる」
磐梯山《ばんだいさん》ジオパーク
（福島県）
苗場山麓《なえばさんろく》ジオパーク
（新潟県・長野県）
下仁田《しもにた》ジオパーク
（群馬県）
南アルプス（中央構造線《こうぞうせん》エリア）
ジオパーク（長野県）
秩父《ちちぶ》ジオパーク
（埼玉県）
箱根《はこね》ジオパーク（神奈川県）
伊豆《いず》半島ジオパーク
（静岡県）
「6 ジオパーク、
ぼくの好きなものいろいろ」
銚子《ちょうし》ジオパーク（千葉県）
南紀熊野《なんきくまの》ジオパーク
（和歌山県）
「6 ジオパーク、
ぼくの好きなものいろいろ」
「ジオパークで災害《さいがい》に強くなる」
伊豆大島《いずおおしま》ジオパーク（東京都）
■……世界ジオパーク
●……日本ジオパーク
＊本拠地《ほんきょち》または中心となる施設《しせつ》の場所を示《しめ》しています。
「2 恐竜《きょうりゅう》の島を訪《たず》ねよう」…この本であつかう章